Kishora NAIK K
Pameshwara Naik K

Produção de biodiesel a partir de algas marinhas cultivadas

Kishora NAIK K
Pameshwara Naik K

Produção de biodiesel a partir de algas marinhas cultivadas

produção sustentável de óleo de algas a partir de algas cultivadas

ScienciaScripts

Imprint
Any brand names and product names mentioned in this book are subject to trademark, brand or patent protection and are trademarks or registered trademarks of their respective holders. The use of brand names, product names, common names, trade names, product descriptions etc. even without a particular marking in this work is in no way to be construed to mean that such names may be regarded as unrestricted in respect of trademark and brand protection legislation and could thus be used by anyone.

Cover image: www.ingimage.com

This book is a translation from the original published under ISBN 978-620-7-99555-4.

Publisher:
Sciencia Scripts
is a trademark of
Dodo Books Indian Ocean Ltd. and OmniScriptum S.R.L publishing group

120 High Road, East Finchley, London, N2 9ED, United Kingdom
Str. Armeneasca 28/1, office 1, Chisinau MD-2012, Republic of Moldova, Europe
Managing Directors: Ieva Konstantinova, Victoria Ursu
info@omniscriptum.com

Printed at: see last page
ISBN: 978-620-8-60459-2

Conteúdo

Dedicado a

O todo-poderoso Çod que tornou os meus sonhos realidade...
A minha mãe, por todos os sacrifícios que fez por mim.
Os meus familiares que me apoiaram e encorajaram durante os meus estudos.
Agradecer aos entes queridos os seus desejos de casamento.

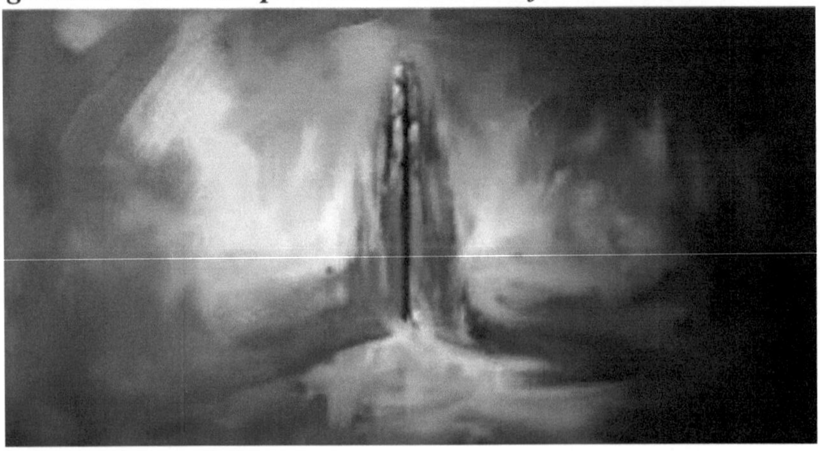

AGRADECIMENTOS

Antes de mais, exprimo a minha gratidão sincera à Universidade Kuvempu por me ter dado a oportunidade de realizar o meu programa de investigação.

Expresso sinceramente a minha eterna gratidão ao meu honrado orientador, **Dr. Parameswara Naik T.,** Professor, Departamento de Botânica e Tecnologia de Sementes, Faculdade de Ciências de Sahyadri, Universidade de Kuvempu, Shivamogga, pela sua valiosa orientação, sugestões e apoio persistente ao longo do meu percurso de investigação.

Expresso a minha gratidão aos meus professores Prof. Y.L. Krishnamurthy, Presidente, Prof. M.B. Shivanna (Retd.), Prof. M. Krishnappa (Retd.), Prof. S.R. Krishnamurthy (Retd.), Prof. Raja Naika, Dr. Somashekar G. Malammanavar e Dr. Srishail H.S., Departamento de Botânica Aplicada, Universidade de Kuvempu, Jnana Sahyadri, Shankaraghatta, pelas suas valiosas sugestões e apoio durante o trabalho de investigação.

Estou grato ao Sr. Gopal, HOD, Prof. Rajeshwari, Prof. Ramesh Babu, Prof. Krishnaswamy, Dr. Nataraj, Professor Associado, Dr. Nafeesa Begaum, Departamento de Botânica e Tecnologia de Sementes, Dr. K.L. Naik, Dr. Ashashree, Sra. Shantha, Sr. Sahyeshwar, Departamento de Zoologia, Faculdade de Ciências de Sahyadri, Universidade de Kuvempu, Shivamogga pelo seu apoio na realização do meu trabalho de investigação.

Expresso a minha gratidão à Dra. Sathisha A.M., à Dra. Reena Roy e à Dra. Sarala P., membros do corpo docente do Departamento de Botânica Aplicada da Universidade de Kuvempu, e ao Dr. Prashanth, ao Dr. Abrar, à Dra. Rumana, ao Dr. Ranjith, ao Dr. Nandan Patel e ao Sr. Naveen, do Departamento de Botânica e Tecnologia de Sementes da Faculdade de Ciências de Sahyadri da Universidade de Kuvempu, Shivamogga, pela sua ajuda.

Agradeço ao Sr. Jagadeesh Chandra, ao Sr. Gaviraya e ao Sr. Sampath, membros do pessoal não docente do Departamento de Botânica Aplicada da Universidade de Kuvempu, e ao Sr. Raju, à Sra. Kamalamma e ao Sr. Srinivas, membros do pessoal não docente do Departamento de Botânica e Tecnologia de Sementes da Faculdade de Ciências de Sahyadri, Universidade de Kuvempu, Shivamogga, pela sua ajuda.

Jagannath L. Rathod, Instituto de Biologia Marinha, Karwar, pela sua valiosa orientação e ajuda durante o período de investigação.

A minha mais profunda gratidão à minha família pelo seu amor e apoio incansáveis ao longo da minha carreira. Este trabalho de investigação é simplesmente impossível sem eles. Estou em dívida para com os meus pais, Late Sri. Krishna Naik, Smt. Halibai, irmão Late Mr. Surendra Naik (Babu), pelos seus cuidados, amor e por não pouparem esforços para me proporcionarem o melhor ambiente possível para crescer e frequentar a escola e a faculdade.

Estou grato ao Todo-Poderoso por me ter dado uma esposa, a Sra. Pushpavathi Bai D. Naik, e irmãs e cunhados Smt. Hala Naik D., Smt. Kamala Bai, Sri. Ganga Naik, Smt. Pushpa Bai, Sri. Suresh Naik E. Smt. Devi Bai, Sri. Suresh Naik, irmão Sri. Sevya Naik, irmã Smt. Suchitra, sogro Sri. Dorgya Naik, sogra Late Smt. Igni Bai, adorável Priyanka H. Naik, Rahul, Prathiksha H. Naik, Bharath Naik, Keshava Naik, Meetha S., Harshith, Ruthik, os cunhados Sr. Arun Naik e Sr. Prem Kumar Naik, a cunhada Soundarya e todos os membros da minha família pela sua compreensão, encorajamento e orientação pessoal, que constituíram uma boa base para a minha carreira.

Estou grato a Smt. Neetha Parameswar Naik, Revath P. e Purab P., pelo seu apoio durante o meu trabalho de investigação.

Os meus agradecimentos especiais ao Sr. Yogeeshanaik H.S., ao Sr. Naveen Kumar Naik, ao

Sr. Sharath K.P., ao Sr. Sunil, ao Sr. Prashanth Kumar C.S., à Sra. Pallavi, à Sra. Ayesha, à Sra. Shylaja, bolseiros de investigação, Departamento de Botânica Aplicada, Universidade de Kuvempu, Shankaraghatta, pela sua ajuda durante o meu trabalho de investigação.

Nesta ocasião, exprimo os meus sinceros agradecimentos aos meus amigos mais queridos, Dr. Prakash, Dr. Manja Naik, Manju P., Tara, Sindhu, Sunitha, Pruthvi, Chetan Kumar T., pelo seu apoio.

Agradeço ao pessoal da biblioteca da Universidade de Kuvempu e do Sahyadri College pela ajuda prestada durante o meu trabalho de investigação.

Estou grato à SC/ST Cell, Universidade de Kuvempu, pelo apoio financeiro concedido para a realização do meu trabalho de investigação.

Agradeço ao Sr. Dinesh e à Sra. Sudha, S.G.S. Computers Shankaraghatta, pela sua ajuda no processo de impressão.

Qualquer Qualquer omissão nesta breve nota de agradecimento não significa falta de gratidão.

Kishora Naik K H

1. INTRODUÇÃO

A sociedade moderna enfrenta dois desafios significativos, nomeadamente o aumento do consumo de energia e o aquecimento global. A dependência contínua dos combustíveis fósseis, como o carvão, o petróleo e o gás natural, para satisfazer as crescentes necessidades energéticas é insustentável, suscitando sérias preocupações quanto ao futuro abastecimento e segurança energéticos. Além disso, a utilização excessiva de combustíveis fósseis à base de carbono contribui para grandes desafios ambientais, como o aquecimento global e as alterações climáticas. O avanço tecnológico para a utilização de energia natural renovável é necessário para proteger o ambiente e conservar a energia no mundo mais competitivo de hoje, a fim de satisfazer a procura global de energia e permitir o crescimento económico e ecológico de uma forma sustentável. Esta preocupação tem inspirado os investigadores a trabalhar no desenvolvimento de fontes de energia alternativas, como a solar, a eólica, a hídrica e a biomassa. Os biocombustíveis são substitutos líquidos dos combustíveis fósseis, produzidos a partir de substratos ricos em açúcar, amido, celulose ou lípidos.

Esses substratos podem ser produzidos a partir de uma variedade de fontes, incluindo culturas de cereais, como milho e trigo (Nichols, 2008), culturas de açúcar, como sorgo e cana-de-açúcar (Goldemberg *et al.*, 2008), culturas energéticas e resíduos agrícolas, como palhas e palha de milho (Samson *et al.*, 1992; Sheehan *et al.*, 2003; Ballesteros *et al.*, 2006; Schmer *et al.*, 2008). Atualmente, o etanol é produzido em grandes quantidades a partir do milho e da cana-de-açúcar como combustível suplementar e substituto parcial da gasolina. A produção e o uso do etanol como combustível de transporte resultam em uma redução líquida das emissões de gases de efeito estufa (GEE). Esta afirmação baseia-se no conceito de que as emissões de dióxido de carbono produzidas durante o processamento da biomassa e a utilização do biocombustível são facilmente armazenadas.

Os biocombustíveis derivados de culturas cerealíferas e da cana-de-açúcar são designados por biocombustíveis de primeira geração (FGB). Diversos condicionalismos, incluindo a utilização de grandes quantidades de factores de produção agrícola, a necessidade de terras e os compromissos entre a produção de culturas alimentares e a produção de culturas energéticas (ou seja, o debate "alimentos vs. combustíveis"), impedem a produção em grande escala e a utilização de produtos FGB como alternativas competitivas aos combustíveis fósseis (Sanchez *et al.*, 2008). Consequentemente, apesar de serem renováveis, as FGB não são uma solução realista para satisfazer a procura global de combustíveis líquidos. Os SGBs são combustíveis produzidos a partir de biomassa celulósica linga. A produção de SGB evita muitas das consequências indesejáveis associadas aos FGBs (Gelfand *et al.*, 2010).

O desenvolvimento da técnica SGB concorrente encontra-se atualmente em várias fases de investigação e ensaios-piloto. No entanto, a produção de matéria-prima para SGB continua a exigir a utilização de factores de produção agrícola, terras e água doce que poderiam ser utilizados para culturas alimentares. A longo prazo, as SGB estão igualmente sujeitas à questão "alimentos versus combustíveis". A utilização de matérias-primas de TGB, que incluem níveis consideráveis de lípidos e hidratos de carbono, permite a produção de biodiesel, bio-óleo, biometano e bioetanol, evitando ao mesmo tempo a maioria dos condicionalismos das FGB e das SGB. Isto implica sobretudo a resolução do conflito entre alimentos e combustíveis. A maioria dos alimentos vegetais aquáticos é promovida como uma fonte adequada de lípidos para a produção de bio-óleo (Singh e Gu, 2010). As algas podem ser utilizadas para criar óleo e gás biocombustível, bem como bioetanol, biodiesel e biohidrogénio, através de conversões termoquímicas ou bioquímicas (Amin, 2009). Os enormes benefícios associados ao fabrico de TGB estão ligados ao aumento dramático do interesse pelos TGB à base de algas.

Produção durante todo o ano; melhor produtividade do que as culturas terrestres; potencial de produção ao largo da costa e, por conseguinte, não concorrência com as culturas alimentares; menor necessidade para terras aráveis; menor necessidade de tratamento de água; e possíveis vantagens no ciclo de nutrientes são apenas alguns dos benefícios (Nakas *et al.*, 1983; Sander *et al.*, 2010; Georgianna *et al.*, 2012). As algas têm a capacidade de gerar 40 vezes mais óleo para a produção de biodiesel do que as culturas oleaginosas (como a soja e a canola) por unidade de superfície, de acordo com um estudo anterior (Sheehan, 1998). Por outro lado, estas vantagens sobre as FGB e as SGB só foram comprovadas em contextos académicos/de investigação. Atualmente, é incerto se tais vantagens podem ser alcançadas à escala comercial devido à falta de dados publicamente disponíveis.

O potencial económico dos biocombustíveis à base de algas para influenciar substancialmente a procura atual e futura de combustíveis é ainda desconhecido. No entanto, os TGB à base de algas são um tema popular entre os investigadores de combustíveis alternativos e as empresas produtoras estão atentas aos desenvolvimentos. Os produtos TGB à base de microalgas são de especial interesse. Muitas organizações estão atualmente a investigar os aspectos técnicos e económicos da síntese de biodiesel de alto rendimento a partir de microalgas. Alguns artigos de revisão aprofundaram os métodos e as questões (Mata *et al.*, 2009; Ahmad *et al.*, 2011). O potencial de produção de etanol a partir de algas também foi examinado (Eshaq e Harun, 2010). Em ambas as situações, é amplamente reconhecido que existe uma grande promessa para os produtos à base de algas; no entanto, o progresso em direção à produção de biocombustíveis de algas à escala comercial tem sido lento devido a vários obstáculos de produção e processamento.

A palavra "algas" refere-se a um grande conjunto de organismos eucarióticos, a maioria dos quais inclui clorofila, que são cultivados ou colhidos na natureza e provêm de 4 ambientes aquáticos diferentes (Burton *et al.*, 2009). Pensa-se que as algas são uma das formas de vida mais antigas. Existem 140.661 nomes de espécies incluídos na base de dados taxonómica algae base (www.algaebase.org), com mais de 53.000 artigos publicados relevantes para as espécies de algas mencionadas (acedido em junho de 2015). Guiry (2012) calculou um número conservador de espécies de algas em 72 500. A maioria das algas, tal como as plantas terrestres, cresce como fotoautótrofos, capazes de fixar carbono inorgânico a partir do CO_2 atmosférico e transformar a energia luminosa em energia química através da fotossíntese ($6CO_2 + 6H_2O +$ energia luminosa $C_6H_{12}O_6$ (açúcares) $+ 6O_2$).

A fotossíntese produz açúcares, que são posteriormente transformados noutros componentes celulares, como lípidos, hidratos de carbono e proteínas, que constituem a matéria da biomassa (Darzins, 2010). Algumas algas, por outro lado, são heterótrofas, o que significa que utilizam um substrato de carbono orgânico (principalmente glicose, acetato e frutose, entre outros) como única fonte de carbono e energia, convertendo-o em energia química, em circunstâncias de escuridão, o que requer a utilização de fermentadores alimentados com oxigénio para o desenvolvimento metabólico das algas (também conhecido como respiração aeróbica). Além disso, certos organismos são mixotróficos, o que significa que podem acumular energia para o seu desenvolvimento através da realização simultânea de actividades fototróficas e heterotróficas, consumindo tanto CO_2 inorgânico como substratos de carbono orgânico (Darzins, 2010).

Em comparação com as culturas fotoautotróficas e heterotróficas, certas espécies, como a *Spirulina*, de cor azul-verde, desenvolvem-se mais rapidamente em culturas mixotróficas, que utilizam luz e glucose simultaneamente (Chojnacka *et al*., 2004). As algas variam muito em termos de morfologia, desde as macroalgas (algas marinhas) com até 70 metros de comprimento até às algas microscópicas (microalgas), que podem ser células individuais com alguns μm de diâmetro.

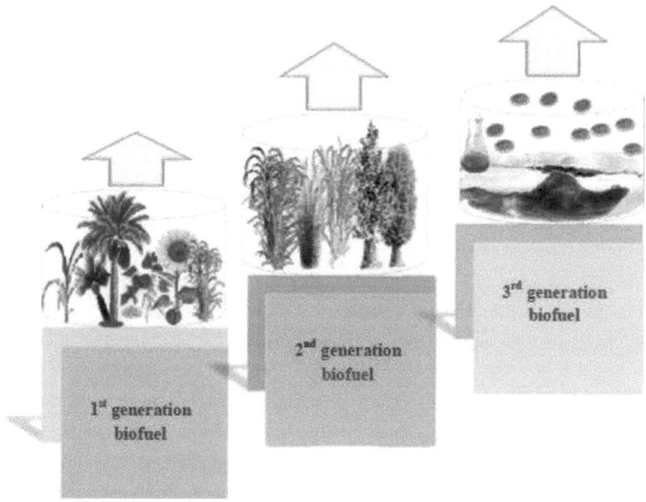

Fig. 1.1. Processo de desenvolvimento de biocombustíveis

Macroalgas ou algas marinhas

São seres multicelulares que podem crescer de 50 cm a 60 m de comprimento. Em situações aquáticas, são frequentemente formados por uma lâmina ou lâmina, que fixa toda a sua estrutura ao solo duro. Os seus ciclos de desenvolvimento são complicados e variados, com histórias de vida anuais e perenes, tácticas de reprodução e alternância de gerações que variam de espécie para espécie (Darzins, 2010).

Microalgas

As microalgas são organismos unicelulares cujo tamanho varia entre os nanómetros e os milímetros. Podem viver numa série de habitats aquáticos, incluindo água doce, água salobra, água do mar e água hipersalina. Também foram encontradas em locais de crosta desértica, o que indica que podem suportar temperaturas elevadas e pouco abastecimento de água (Darzins, 2010).

As macroalgas, muitas vezes conhecidas como "algas marinhas", são algas multicelulares, macroscópicas, eucarióticas, com tecidos distintos e células especializadas, mas não têm floema nem xilema, o que as distingue das plantas. Só podem ser encontradas à beira-mar. Crescem em substratos sólidos, como rochas, corais mortos e seixos, em ambientes marinhos intertidais, pouco profundos e profundos, até 80 metros de profundidade, estuários e remansos. Embora existam variedades de algas que flutuam livremente no oceano aberto, por exemplo, *Sargassum* spp. (Laffoley *et al*., 2011), a diversidade e densidade máximas de biomassa encontram-se em ambientes costeiros pouco profundos, onde as algas estão ligadas ao substrato com acesso a nutrientes e luz (Bolton, 1994; Lobban e Harrison, 1997). As algas marinhas são os organismos fotossintéticos mais prolíficos, apenas rivalizados pelas microalgas, devido a uma fotossíntese muito eficiente e a uma elevada capacidade de absorção de nutrientes da coluna de água (Stephens *et al.*, 2013a).

A biomassa de algas marinhas domina o substrato em muitos ambientes costeiros e uma parte considerável desta biomassa é reciclada através do pastoreio e da decomposição biológica, o que realça a sua importância nos ecossistemas aquáticos (Lobban e Harrison, 1997). A morfologia das algas marinhas é muito variável, com várias formas filamentosas, foliáceas e ramificadas que habitam uma grande variedade de ambientes na zona litoral (Lobban e Harrison, 1997). Esta diversidade morfológica reflecte uma variedade taxonómica significativa, mas é também um produto da flexibilidade fenotípica e genotípica dentro das espécies (Hwang *et al.*, 2005; Wright, 2005). Existem três linhagens principais de algas eucariotas que podem ser geralmente separadas em algas vermelhas, verdes e castanhas, com base na sua origem evolutiva e na coloração pigmentar única que lhes está associada (Lobban e Harrison, 1997; Cock *et al.*, 2010).

As algas verdes têm uma grande diversidade de variedades, com cerca de 1500 espécies (Guiry e Guiry, 2014), com muitas espécies oportunistas, como *Ulva* spp. e *Cladophora* spp. capazes de formar enormes florescimentos conhecidos como marés verdes (Liu *et al.*, 2009; Smetacek e Zingone, 2013). Existem cerca de 1800 espécies de algas castanhas (Guiry e Guiry, 2014) na classe Phaeophyceae, sem nenhuma espécie unicelular e apenas algumas espécies de água doce. São geneticamente mais próximas das algas vermelhas e verdes (Moreira *et al.*, 2000; Cock *et al.*, 2010) e pensa-se que se desenvolveram relativamente recentemente em termos evolutivos, com a primeira evidência de diversidade a remontar ao período Jurássico médio, há cerca de 175 milhões de anos (Silberfeld *et al.*, 2010). Diferem de outras linhagens de algas marinhas pelo facto de conterem fucoxantina como pigmento, o que lhes confere a sua coloração castanha caraterística (Clayton e King, 1990).

As algas vermelhas são algas vermelhas multicelulares e marinhas (Rhodophyta) com registos fósseis que remontam ao período Mesoprotoerozóico, há cerca de 1,2 mil milhões de anos (Butterfield, 2000). A cor vermelha caraterística das algas vermelhas é gerada pelos pigmentos ficoeritrina e ficocianina (Clayton e King, 1990). É o grupo mais diversificado de algas marinhas, com aproximadamente 6000 espécies existentes (Guiry e Guiry, 2014), incluindo as comercialmente significativas *Chondrus crispus, Palmaria palmata, Porphyra* spp. (Nori) e *Gracilaria* spp. As algas verdes são formas multicelulares e marinhas de algas verdes (Chlorophyta) e a sua cor verde é gerada por pigmentos de clorofila a e b idênticos aos das plantas terrestres, indicando a sua estreita relação evolutiva (Bhattacharya e Medlin, 1998).

As algas castanhas contêm uma variedade de espécies comestíveis, incluindo as economicamente importantes algas *Saccharina japonica* (Kombu) e *Undaria pinnatifida* (Wakame). A popularidade das algas marinhas tem vindo a aumentar nos últimos anos devido à sua distribuição global, ao seu carácter renovável e à diversidade de utilizações. Em todo o mundo, existem cerca de 4500 espécies de algas verdes (contendo 3050 espécies de água doce e 1500 espécies de água salgada, respetivamente), 4000-6000 espécies de algas vermelhas e 1500-2000 espécies de algas castanhas. As algas castanhas *Laminaria japonica* e *Undaria pinnatifida*, as algas vermelhas *Porphyra, Eucheuma, Kappaphycus* e *Gracilaria* e as algas verdes *Monostroma* e *Enteromorpha* são as espécies de macroalgas mais cultivadas em todo o mundo (Carlsson *et al.*, 2007). As algas verdes são as mais fáceis de produzir de entre estes tipos de algas, uma vez que podem desenvolver-se numa variedade de condições de água.

As macroalgas têm um elevado teor de óleo (Haik *et al.*, 2011) e biomassa (Tredici, 2010;

Williams e Laurens, 2010) por unidade de área, o que as torna uma fonte prospetiva para a produção de biocombustíveis, por exemplo, *Jatropha*, palma, soja e colza (Menetrez, 2012). As macroalgas, ao contrário das culturas oleaginosas, não competem com a produção de alimentos e não requerem terras agrícolas, pesticidas ou herbicidas para o seu cultivo (Chisti, 2007; Singh *et al.*, 2011). São normalmente cultivadas em lagos de água doce, salobra ou água do mar, ou mesmo em esgotos, onde obtêm os seus nutrientes dos efluentes. Ao contrário da biomassa terrestre, que tem uma eficiência fotossintética de 1,8-2,2%, as macroalgas fixam CO_2 com uma eficiência fotossintética de 6-8% (Chen *et al.*, 2015). As macroalgas têm taxas de crescimento muito mais rápidas do que as plantas terrestres. Foram estudadas seis espécies com produtividades que variam de 3 a 11,3 kg (peso seco)/m^2 por ano para algas não cultivadas e até 13 kg (peso seco)/m^2 por ano para algas cultivadas.
A cana-de-açúcar, que é uma das plantas terrestres mais prolíficas, com produtividades médias que variam de 6 a 9,5 kg (peso húmido)/m^2 por ano. Além disso, devido ao facto de o movimento da água proporcionar um fornecimento constante de nutrientes como nitratos e fosfatos, a biomassa marinha não necessita de fertilizantes. As macroalgas são um recurso de biomassa abundante mas subutilizado. Atualmente, apenas cerca de 1% das macroalgas disponíveis são utilizadas. Embora o conceito de produção de biomassa aquática para aplicações energéticas seja melhor para o ambiente do que os combustíveis fósseis, continua a enfrentar limitações tecnológicas e de custo-eficácia. As tecnologias necessitam ainda de uma quantidade significativa de investigação e desenvolvimento. As algas marinhas utilizam a luz solar para a fotossíntese e o fabrico de compostos como os polissacáridos (polímeros complexos de hidratos de carbono) e os lípidos (lípidos neutros constituídos principalmente por triacilgliceróis (TAG), glicolípidos e fosfolípidos) (Suutari *et al.*, 2015; Barbot *et al.*, 2016). Os hidratos de carbono representam cerca de 60% das macroalgas desidratadas (Chen *et al.*, 2015).
A composição química das macroalgas (verdes, vermelhas e castanhas) influencia o facto de poderem ou não ser utilizadas para produzir biocombustível (Gosch *et al.*, 2012; Suutari *et al.*, 2015; Barbot *et al.*, 2016). A composição química das algas marinhas varia consoante a espécie, o período de recolha, o habitat geográfico e uma variedade de factores ambientais, como a temperatura da água, o pH, a salinidade, o teor de nutrientes na água e a intensidade da luz (Mabeau e Fleurence, 1993; Marinho-Soriano *et al.*, 2006; Marsham *et al.*, 2007). Foram publicados vários trabalhos de investigação que examinam a composição variável das algas marinhas. Mostram diferenças significativas na concentração de factores químicos como as proteínas, os minerais, os lípidos ou a fibra alimentar determinados em diferentes géneros de algas marinhas (Mabeau e Fleurence, 1993; Marinho-Soriano *et al.*, 2006; Marsham *et al.*, 2007; Vasconcelos e Leal, 2001; Villares *et al.*, 2002; Di'ez *et al.*, 2003; Manivannan *et al.*, 2008; Hou e Yan, 1998; Sawidis *et al.*, 2001; De Oliveira *et al.*, 2009).
Dentro da mesma espécie, há grandes mudanças na composição das algas marinhas (Riget *et al.*, 1995; Lares *et al.*, 2002; 'Inez e Rico, 2002; Dawczynski *et al.*, 2007);
Mißsurcov'a *et al.*, 2010). Em geral, o teor de lípidos das macroalgas representa menos de 5% do peso seco (DW) (Ortiz *et al.*, 2006; Ginneken *et al.*, 2011). No entanto, estudos recentes indicaram que algumas macroalgas verdes e castanhas têm um teor de lípidos mais elevado (até 20% DW) (Satpati e Pal, 2011; Rameshkumar *et al.*, 2012). Quando comparado com dez vegetais comuns, o extrato lipídico de macroalgas incluía mais ácidos gordos polinsaturados (PUFAs), incluindo PUFAs n-3 (Ortiz *et al.*, 2006). Uma vez que os humanos e os peixes não conseguem produzir AGPI n-3, estes devem ser obtidos através da alimentação (Sanchez-

Machado *et al.*, 2004). As doenças cardíacas, a trombose e a aterosclerose podem ser reduzidas por estes ácidos gordos (Ginneken *et al.*, 2011; Kumari *et al.*, 2013a). Foi também encontrada atividade antiviral nos ácidos gordos de várias macroalgas (Johns *et al.*, 1979). Prevê-se que, até 2048, as macroalgas sejam uma alternativa viável ao óleo de peixe, que é o fornecedor tradicional de n-3 PUFA (Worm *et al.*, 2009). Consequentemente, a utilização de macroalgas comestíveis na criação de refeições de baixo custo e de elevado valor nutritivo para a nutrição humana e animal está a ganhar popularidade. Devido à descoberta das suas aplicações positivas em produtos nutricionais e de saúde, a análise dos ácidos gordos (FA) tornou-se mais importante. Foi recentemente demonstrado que os factores estruturais dos ácidos gordos, como o comprimento da cadeia e o grau de insaturação, têm impacto nos atributos de combustão limpa do biodiesel (Knothe, 2005).

Em geral, é escolhida uma matéria-prima com um perfil de ácidos gordos saturados mais elevado, uma vez que proporciona uma melhor estabilidade oxidativa e qualidade de ignição (índice de cetano), bem como uma maior qualidade global do produto (Hu *et al.*, 2008; Knothe, 2008). As matérias-primas com uma elevada proporção de ácidos gordos monoinsaturados C18:1 (MUFA) podem aumentar ainda mais a qualidade do biodiesel, melhorando as caraterísticas a baixa temperatura e a viscosidade cinética, ao mesmo tempo que reduzem as emissões de hidrocarbonetos e de CO_2 (Knothe, 2008). Em contrapartida, uma matéria-prima rica em ácidos gordos polinsaturados (AGPI) produz um biocombustível que é oxidativamente menos estável e de menor qualidade. A percentagem de PUFA C18:2 e C18:3 em particular é significativa, uma vez que estes ácidos gordos são altamente vulneráveis à oxidação e a proporção de C18:3 foi controlada para 12% de ácidos gordos (TFA) de acordo com a norma europeia de qualidade do biodiesel EN 14214 (Knothe, 2006).

Com base nas normas de qualidade europeias, os ácidos gordos altamente insaturados (4 ligações duplas) também foram proibidos, excluindo os óleos de peixe como matéria-prima para o biodiesel (Knothe, 2006). Cada um dos ésteres de ácidos gordos presentes no biodiesel afecta as qualidades do combustível, incluindo as emissões de escape, o calor de combustão, o fluxo a frio, a estabilidade oxidativa, a viscosidade e a lubricidade. Por exemplo, um hidrocarboneto longo de cadeia reta produz um padrão de qualidade elevado, mas uma molécula muito ramificada produz uma qualidade de ignição do biodiesel baixa. A elevada qualidade do biocombustível tem sido associada a menores emissões de óxido de azoto (NO_2), que têm sido associadas ao aumento da insaturação e à redução do comprimento da cadeia dos ácidos gordos.

As algas marinhas utilizadas para produzir biodiesel devem incluir lípidos sob a forma de ácidos gordos extraíveis (Gosch *et al.*, 2012). Os TAG são ricos em ácidos gordos e a presença destes ácidos nas algas marinhas é o indicador mais forte da sua aptidão para a síntese de biodiesel (Suutari *et al.*, 2015). Os TAG têm uma elevada taxa de conversão em biodiesel, uma elevada proporção de ácidos gordos e nenhum fósforo, enxofre ou azoto, que se encontram nos fosfolípidos e glicolípidos (Khan *et al.*, 2016; Suutari *et al.*, 2015). Sugere-se não só um elevado teor de ácidos gordos, mas também o perfil de ácidos gordos, que deve ser rico em ácidos gordos saturados com uma elevada concentração de C18:1 (Gosch *et al.*, 2012). O excesso de ácidos gordos poli-insaturados (PUFAs) derivados de algas marinhas pode causar a reticulação da cadeia de ácidos gordos, o que pode resultar na produção de alcatrão. Uma solução adequada é remover os AGPI antes do fabrico de biodiesel; este procedimento foi anteriormente utilizado para microalgas (Bruton *et al.*, 2009).

Suutari *et al.* (2015) apresentam uma lista completa de macroalgas com teor de lípidos, incluindo o local de recolha e a estação do ano (Quadro 1.1). Por exemplo, nas macroalgas verdes, varia de 5 mg/g em *Ulva fenestrata* a 72 mg/g em *Caulerpa lentillifera*; nas macroalgas castanhas, varia de 7 mg g^{-1} em *Macrocystis pyrifera* a 202 mg e nas algas vermelhas, varia de 1,7 mg g^{-1} de peso seco em *Chondracanthus canaliculatus* a 56 mg g^{-1} em *Wrangelia plumose* (Suutari *et al*., 2015). As macroalgas castanhas parecem ser a melhor matéria-prima para a produção de biodiesel.

De acordo com o National Biodiesel Board, o biodiesel é "o monoalquiléster de matérias-primas lipídicas derivadas de ácidos gordos longos, como óleos vegetais ou gorduras animais, para utilização em motores de ignição por compressão (diesel)" (1996).

O biodiesel é mais ecológico do que o gasóleo de petróleo e é também considerado neutro em termos de carbono, uma vez que quase todo o dióxido de carbono (CO_2) libertado durante o consumo foi armazenado da atmosfera para o desenvolvimento das culturas oleaginosas (Barnwal e Sharma, 2005). Quando comparado com o gasóleo de petróleo, o biodiesel é renovável, biodegradável, não tóxico e tem um perfil de baixas emissões. Enquanto "fonte de energia limpa", o biodiesel pode substituir os combustíveis fósseis. Pode ajudar o ambiente ao reduzir os níveis de CO_2, SO_2, CO e HC. O ciclo de carbono do biodiesel é dinâmico devido à fotossíntese. As plantas absorvem mais CO_2 do que o que é libertado durante o processo de combustão do biodiesel. Assim, em comparação com a utilização de combustíveis fósseis, a utilização de biodiesel pode reduzir mais eficazmente as emissões de CO_2, salvaguardar o ambiente natural e manter o equilíbrio ecológico (Lapuerta *et al*., 2008). Devido à sua baixa concentração de enxofre, o biodiesel emite muito menos SO2 durante o processo de combustão do que o gasóleo normal (Basha *et al*., 2009).

Quadro 1.1. Composição lipídica total de certas algas marinhas

Rhodophyceae	Total lipídico (mg g^1)	Pheophyceae	Total lipídico (mg g'[1])	Clorofíceas	Total lipídico (mg g'[1])
Chondrus ocellatus	13	*Analipus japonicus*	49.6	*Enteromorpha compressa*	52.2
Porphyra perforate	19.29	*Hedophyllum sessile*	68.1	*Ulva lactuca* novembro.	36.6
Gloiopeltis furcate	33.38	*Saccharina japónica* (cultivada)	76.4	*Ulva fasciata*	51
Gracilaria verrucosa	20.7	*Sacarina japonesa*	22.36	*Ulva fenestrata*	5.01
Hypnea sp.	19	*Laminaria dentigera*	34.3	*Chaetomorphalinum*	60
Laurencia mayúscula verão.	51	*Macrocystis pyrifera*	77	*Códio frágil*	157
Portieria hornemannii	53	*Macrocystis integrifolia*	28.5	*Codium reediae*	51
Wrangelia plumose verão.	56	*Postelsia palmaeformis*	46.8	*Anadyomene brownii*	62.5
Bostrychia tenella inverno	45	*Alaria marginata*	25.5	*Calder paracemosa*	38
Champia sp. inverno.	21	*Cystoseiraos mundacea*	24.4	*Halimedao punita*	23
Spiridia sp. inverno	19	*Dictyota ciliolata*	78	*Monostroma*	38

				oxyspermum	
Tolypiocladia calodictyon		*Dictyota sandvicensis*	202		
		Dictyota acutiloba	161		
		Padina boryana	44		
		Sargassum filifolium Winter.	40		

Fonte : Suutari *et al.* (2015)

Assim, a utilização de biodiesel em vez de gasóleo normal reduzirá significativamente as chuvas ácidas, que constituem uma séria ameaça para o ambiente e as infra-estruturas humanas sob a forma de acidificação do solo, das águas superficiais e subterrâneas, de danos nas florestas e na vegetação e de aumento da corrosão de edifícios e marcos antigos feitos de pedras que contêm cálcio. Além disso, como os compostos de ésteres de biodiesel incluem oxigénio, o que promove uma combustão limpa, o CO, os HC e as partículas serão emitidos a uma taxa inferior. A utilização de biodiesel também pode ajudar a minimizar a poluição atmosférica. Quando o biodiesel é utilizado num motor diesel normal, a quantidade de hidrocarbonetos, hidrocarbonetos aromáticos, monóxido de carbono, alcenos, aldeídos, cetonas e partículas produzidas é significativamente reduzida (Krahl *et al.*, 2005). Se a gestão do motor se mantiver intacta, as emissões de óxido de azoto aumentam marginalmente. A utilização de biodiesel reduz as partículas da fração de carbono sólido e remove a fração de sulfatos, o que pode ser melhorado utilizando software específico (Tschöke *et al.*, 2002) e sensores de biodiesel (Munack *et al.*, 2002).

Os sulfatos são gradualmente eliminados à medida que aumenta a quantidade de biodiesel combinada com gasóleo de petróleo. Novas tecnologias como catalisadores, colectores de partículas e recirculação de gases de escape são funcionam bem com o biodiesel. Numa base de ciclo de vida, o biodiesel de soja reduz o dióxido de carbono em 78%. Além disso, o potencial carcinogénico dos gases de escape dos motores a biodiesel demonstrou ser inferior ao do gasóleo normal (Krahl *et al.*, 2005; Bünger *et al.*, 2000). Pensa-se que este impacto é causado pela quantidade reduzida de hidrocarbonetos aromáticos policíclicos nas emissões de partículas de biodiesel (Krahl *et al.*, 2005). O biodiesel é o primeiro combustível alternativo a cumprir integralmente as normas de ensaio dos efeitos na saúde previstas na Lei do Ar Limpo. Devido ao seu elevado índice de cetano, que é uma medida de inflamabilidade, o biodiesel é mais inflamável do que o gasóleo. Pode também ser transportado de forma mais conveniente e segura do que o gasóleo devido ao seu elevado ponto de inflamação, o que permite que seja reconhecido como um produto seguro. O biodiesel tem uma elevada viscosidade e é constituído por ésteres metílicos de ácidos gordos com um elevado nível de insaturação (Park *et al.*, 2000). Tem uma boa lubrificação, o que pode reduzir a taxa de água da bomba de injeção, do cilindro e da ligação do motor, bem como aumentar o tempo de utilização do motor.

As vantagens mais significativas do biodiesel em relação a muitos outros combustíveis alternativos para os transportes são o facto de poder ser utilizado nos actuais motores diesel sem modificações e de poder ser misturado com o diesel de petróleo numa proporção pré-determinada. O biodiesel tem o mesmo desempenho que o gasóleo de petróleo, reduzindo as emissões de partículas, hidrocarbonetos, monóxido de carbono (CO) e óxidos de enxofre (SO_2) (Barnwal e Sharma, 2005). Contudo, as emissões de óxidos de azoto (NO_2) do biodiesel são maiores em certos motores. O biodiesel tem também outras vantagens ambientais, como a redução das emissões tóxicas e cancerígenas para a atmosfera (em comparação com o gasóleo de petróleo). A utilização do biodiesel permitirá encontrar um equilíbrio entre a expansão económica, o desenvolvimento agrícola e a proteção do ambiente.

2 REVISÃO DA LITERATURA

As macroalgas têm sido alvo de grande interesse como possível fonte de biocombustível, uma vez que podem crescer muito rapidamente e são uma fonte renovável de energia (Philippsen *et al.*, 2014). Com a crescente procura de energia e a diminuição das reservas de combustíveis fósseis, as algas têm sido consideradas como fontes de energia renovável. Por conseguinte, as algas foram cultivadas em tanques exteriores para investigar o seu potencial de produção de biomassa para bioenergia.

Com base na manipulação do ciclo de vida das algas marinhas, existem duas categorias:

1. A partir de esporos microscópicos, todo o ciclo de vida da alga marinha é totalmente controlado durante o cultivo;
2. A partir de fragmentos macroscópicos de algas marinhas, apenas uma parte do ciclo de vida está sob controlo durante o cultivo.

Com base no número de espécies cultivadas, os sistemas de cultivo podem ser divididos em monocultura e policultura (ou cultura integrada). A cultura em águas abertas e a cultura em terra podem ser definidas de acordo com os locais de cultivo. De um modo geral, tanto os métodos de ciclo de vida completo como os de ciclo de vida parcial, tanto a monocultura como a policultura, podem ser utilizados na cultura em águas abertas e na cultura em terra.

Cultivo em águas abertas

O sistema de cultivo em águas abertas é a forma mais antiga de aquacultura, que pode remontar a 2000 a.C. no Japão e a 100 a.C. em Itália (Iversen, 1968). Neste sistema de cultivo, as algas marinhas são cultivadas em água do mar natural, pelo que as algas têm de ser fixadas num local. As algas marinhas são geralmente ancoradas num substrato artificial (jangadas, cordas, redes e gaiolas) onde são flutuadas a profundidades variáveis na coluna de água. De acordo com a distância da costa, a cultura em águas abertas pode ser dividida em cultura costeira e cultura ao largo. Atualmente, não existe uma definição universalmente reconhecida para "a distância", devido às diferentes condições ambientais em cada local, mas é geralmente aceite que o cultivo ao largo é a deslocação de instalações de exploração de ambientes abrigados perto da costa para ambientes mais expostos (Troell, 2009). Os sistemas de cultivo costeiro têm várias vantagens quando comparados com os sistemas terrestres. Em primeiro lugar, não ocupam terra e, por conseguinte, não competem com as plantas terrestres na utilização da terra. Em segundo lugar, poupam o custo da bombagem de água do mar e da adição de nutrientes, uma vez que os organismos são cultivados no mar e tiram partido dos nutrientes naturais das águas costeiras. Em terceiro lugar, este sistema requer menos gestão e menos tempo é gasto no controlo e na manutenção. Por conseguinte, a maior parte das culturas comerciais de macroalgas em grande escala, como a *Laminaria*, *a Porphyra* e *a Gracilaria*, utilizam este sistema (Titlyanov e Titlyanova, 2010).

Cultivo em terra

Embora existam alguns pontos fortes para o cultivo em águas abertas, a flutuação das condições ambientais resulta numa variabilidade do desempenho do crescimento e da qualidade do produto. Para além disso, condições meteorológicas extremas podem ter consequências catastróficas para o cultivo em águas abertas. Assim, foram desenvolvidos sistemas terrestres (que incluem sistemas interiores e exteriores) para eliminar estas limitações. Neste sistema, a água do mar é bombeada para o local de cultivo a partir do mar. Estes sistemas reduzem a maior parte dos riscos colocados pelos pastores, pela caça furtiva e pelas condições climatéricas. A possibilidade de controlo das condições de cultura, como os nutrientes, a intensidade da luz e a temperatura, a produtividade das algas cultivadas em sistemas terrestres é geralmente elevada e a qualidade do produto é consistente.

Neste sistema, as algas marinhas podem ser cultivadas em tanques, lagos ou canais. Em termos de cultivo de *Ulva*, os sistemas de tanques ao ar livre são amplamente utilizados (DeBusk *et al.*, 1986; Hiraoka e Oka, 2008; Bruhn *et al.*, 2011; Mata *et al.*, 2016).

Durante o cultivo, os talos inteiros, os fragmentos de talos, os germens e os enxames podem servir de material de plantação num sistema de tanques. O talo e os germes podem ser cultivados soltos e mantidos suspensos na coluna de água, na maioria dos casos, através de um arejamento vigoroso, ao passo que têm de ser utilizadas cordas ou redes como substratos de fixação se a cultura de *Ulva* começar a partir de enxames. Por exemplo, os talos inteiros foram utilizados na cultura em tanque de *U. lactuca* na Florida. A aeração foi fornecida por um tubo perfurado colocado ao longo do fundo de cada tanque para suspender os talos *de Ulva* (DeBusk *et al.*, 1986). Os germes de *U. prolifera* foram cultivados em tanques de 500 L e foi utilizada água do mar profunda bombeada de mais de 300 m de profundidade para fornecer nutrientes abundantes. A taxa média de crescimento diário ao longo de um ano atingiu 37% neste sistema (Hiraoka e Oka, 2008). Entretanto, os enxames de uma espécie tropical de *Ulva* filamentosa serviram de sementes no cultivo em tanques ao ar livre na Austrália. As cordas foram semeadas a uma densidade de 621.000 enxames m^{-1} corda, mantidas em condições de viveiro durante cinco dias e depois transferidas para tanques exteriores de fluxo arejado.

As algas marinhas podem ser utilizadas ao longo de toda a cadeia de produção, que inclui a produção de algas (produção de linhas de sementes, implantação de linhas, cultivo de algas) ou de recursos naturais, a colheita (tratamentos pós-colheita, como a limpeza, a redução do tamanho, a preservação e o armazenamento), o processamento (conversão bioquímica, química e termoquímica da biomassa de algas), os produtos (biogás, gás de síntese, bioetanol, biodiesel, bio-óleo e eletricidade) e a aplicação (produção de energia e de combustíveis líquidos) (Milledge *et al.*, 2014; Seghetta *et al.*, 2017). As tecnologias bioquímicas para transformar a biomassa de algas em energia incluem: Química: extração e transesterificação-biodiesel, termoquímica: combustão-energia, liquefação-bio-óleo, gaseificação-syngas, pirólise-bio-óleo, syngas e carvão vegetal, AD-biogás e fermentação-bioetanol, butanol, química: extração e transesterificação-biodiesel e termoquímica: combustão-energia (Behera *et al.*, 2014; Suutari *et al.*, 2015).

A necessidade ou ausência de uma fase inicial de secagem das macroalgas determina o método de conversão adequado, que pode ser classificado como termoquímico (seco) ou microbiológico (húmido) (Suutari *et al.*, 2015). As macroalgas secas são necessárias para a combustão direta, pirólise e gaseificação para biodiesel, mas a biomassa *de algas húmidas* pode ser utilizada para tratamentos hidrotérmicos, fermentação para bioetanol (Milledge *et al.*, 2014). Sugere-se que a biomassa seja pré-tratada. No caso de algas colhidas em reservatórios naturais (por exemplo, águas superficiais, praia), são realizadas as seguintes operações: remoção de objectos estranhos (pedras, areia e outro lixo), corte (moagem) para reduzir o tamanho das partículas das algas e aumentar a área de superfície e secagem, dependendo se o processo de conversão é húmido ou seco (Ghadiryanfar *et al.*, 2016; Khan *et al.*, 2016). A secagem das algas marinhas deve ser efectuada à sombra, com tombamento intermitente (Khan *et al.*, 2015). Isto evitará que os produtos químicos bioactivos se degradem.

Mesmo para procedimentos húmidos, a desidratação das algas até um teor de água de 20-30% é vantajosa porque estabiliza a biomassa e reduz o consumo de energia durante o transporte e a secagem (Ghadiryanfar *et al.*, 2016; Wei *et al.*, 2013). No entanto, a secagem das algas é um processo dispendioso e que consome muita energia. Como resultado, é proposta outra técnica de preservação e armazenamento húmido de algas marinhas. A ensilagem é um método de conservação de produtos agrícolas que se baseia na conversão de hidratos de carbono solúveis em água em ácidos orgânicos (por exemplo, ácido lático) por bactérias do ácido lático em condições anaeróbias. A redução do valor do pH da biomassa ensilada impede o desenvolvimento de bactérias indesejáveis (Wilkinson *et al.*, 2003).

Devido à natureza eco-responsável do dióxido de carbono, a extração com fluido supercrítico usando CO_2 oferece uma vantagem sobre os procedimentos de extração padrão baseados em solventes orgânicos (Aresta *et al.*, 2005; Michalak e Chojnacka, 2014). Além disso, o CO_2 é um solvente verde facilmente acessível, não tóxico, não corrosivo e não inflamável, além de ser facilmente separado do extrato e inerte para o resultado (Rajkumar *et al.*, 2013; Michalak e Chojnacka, 2014). A fraca permeabilidade do CO_2 supercrítico e a parede celular resistente das algas resultam num rendimento de extração insatisfatório, exigindo um pré-tratamento (Aresta *et al.*, 2005; Michalak e Chojnacka, 2014).

Para a extração de lípidos de algas, podem ser utilizados o clorofórmio, o hexano, o ciclo-hexano, a acetona e o benzeno (isoladamente ou em mistura) (Afify *et al.*, 2010). É importante selecionar o melhor solvente para a extração de um conteúdo oleoso de algas marinhas (Khan *et al.*, 2015). Para além das técnicas de extração tradicionais, é dada cada vez mais atenção a métodos de extração inovadores, como a extração supercrítica de CO_2 (Aresta *et al.*, 2005; Rajkumar *et al.*, 2013) e a liquefação termoquímica (Aresta *et al.*, 2005). Ambas as técnicas são realizadas a temperaturas e pressões moderadas: extração a temperaturas até 500 K (~227°C) e pressões até 33 MPa e liquefação a temperaturas na gama de 250-395°C. Estas condições protegem os compostos termolábeis e biologicamente activos da decomposição térmica. A diferença é que a extração com fluido supercrítico requer material seco, enquanto a liquefação termoquímica permite a utilização de material húmido (Aresta *et al.*, 2005).

Kaliaperumal *et al.* (1986) efectuaram uma cultura experimental de campo de *Acanihophora spicifera* no Golfo de Mannar segundo o método de propagação vegetativa. A incidência de pastoreio da alga marinha cultivada GracHaria edu U$/n Minicoy lagoon está bem documentada (Chennubhotla *et al.*, 1994). A cultura experimental de *Gracilaria edulis* através do método de disseminação de esporos foi efectuada em Mandapam, em blocos de cimento, de novembro de 1988 a abril de 1989, e as plantas adultas atingiram um comprimento máximo de 16 cm após quatro meses de produção (Reeta e Kaliaperumal, 1991). Reeta e Ramamoorthy (1999) relataram a variação sazonal no crescimento de *Gracilaria edulis* cultivada a partir de esporos através de uma experiência de um ano realizada no Golfo de Mannar e na Baía de Palk, perto de Mandapam.

Narayan *et al.* (2005) fizeram uma avaliação da classe lipídica e da composição em ácidos gordos da *Padina tetrastomatica*, colhida no Mar Arábico (Oceano Índico) ao largo de Goa, na costa ocidental da Índia, que constituiu o material do estudo. Os glicolípidos constituíam a principal classe de lípidos, seguidos dos neutros e dos fosfolípidos. Verificou-se que o ácido palmítico (C16:0) era o ácido gordo predominante, com os ácidos gordos saturados a contribuírem para a maior parte do total de ácidos gordos. No entanto, entre os ácidos gordos, os ácidos gordos poli-insaturados (PUFA) constituíam a maior parte e eram mais elevados nos fosfolípidos (PL). O grau de insaturação (DU) e o comprimento médio da cadeia (MCL) dos

PUFAs também são apresentados.

Aresta *et al.* (2005) referiram que, para além dos processos de extração clássicos, as novas tecnologias de extração, como a extração supercrítica de CO_2 e a liquefação termoquímica, estão a suscitar um interesse renovado. Ambos os procedimentos são realizados a temperaturas e pressões moderadas: extração a temperaturas tão elevadas como 500 K (227°C) e pressões tão elevadas como 33 MPa e liquefação a temperaturas que variam entre 250 e 395 °C.

A decomposição térmica de substâncias termolábeis e fisiologicamente activas é evitada nestas circunstâncias. A diferença é que a extração com fluido supercrítico requer a utilização de material seco, enquanto a liquefação termoquímica permite a utilização de material húmido.

Aresta *et al.* (2005) efectuaram uma investigação sobre a liquefação termoquímica da biomassa fresca a temperaturas de 250, 300, 350 e 395°C, 1 h. *Extração da* biomassa seca com dióxido de carbono supercrítico (50°C, 2,60 MPa, 7 h): 250, 300, 350 e 395°C, 1 h. Extração da biomassa seca com dióxido de carbono supercrítico (50°C, 2,60 MPa, 7 h). Transesterificação do óleo por metanólise alcalina. A liquefação termoquímica foi a liquefação mais eficiente: com o aumento da temperatura, a quantidade total de óleo extraído das algas aumentou, atingindo um patamar a 350-395°C, ~80 mg/g de peso seco. A extração supercrítica rendeu 45 mg/g de peso seco (menos provavelmente devido à baixa permeabilidade do CO_2 e à resistência da parede celular das algas).

Bastianoni *et al.* (2008) analisaram o potencial de produção de óleo a partir de duas espécies de macroalgas, *Gracilariopsis longissima* e *Chaetomorpha linum*, consideradas como resíduos provenientes de um sistema lagunar envolvido em eutrofização. Os resultados demonstraram que, com melhorias na metodologia de extração de óleo, as macroalgas podem ser consideradas como uma boa biomassa residual para a produção de biocombustíveis.

Hossain e Salleh (2008) efectuaram um estudo para conhecer a transesterificação adequada, a quantidade de produção de biodiesel (éster) e as propriedades físicas do biodiesel. Neste estudo, utilizámos espécies comuns *Oedogonium* e *Spirogyra* para comparar a quantidade de produção de biodiesel. A produção de óleo de algas e de biodiesel (éster) foi mais elevada em *Oedogonium* do que em *Spirogyra* sp. No entanto, a biomassa (após extração de óleo) foi mais elevada em *Spirogyra* do que em *Oedogonium* sp. Os sedimentos (glicerina, água e pigmentos) foram mais elevados em *Spirogyra* do que em *Oedogonium* sp. Não houve diferença de pH entre *Spirogyra* e *Oedogonium* sp. Estes resultados indicam que o biodiesel pode ser produzido a partir de ambas as espécies e que *Oedogonium* é melhor fonte do que *Spirogyra*.

Goecke *et al.* (2010) identificaram e compararam os principais ácidos gordos das duas espécies endémicas *de Codium*, *C. dimorphum* e *C. fernandezianum*, encontradas no Chile. Além disso, foram investigados os ácidos gordos da espécie introduzida *C. fragile*. O ácido palmítico revelou-se o principal ácido gordo, compreendendo entre 28 e 54%, seguido dos ácidos oleico e linolénico. Confirmámos também, pela primeira vez, a presença de ácido hexadecatrienóico (C16:3) nas três espécies, que se sugere ser um ácido gordo caraterístico do *género Codium*, pelo que pode ser utilizado na quimiotaxonomia destas espécies em todo o mundo.

El-Moneim *et al.* (2010) efectuaram a produção de biodiesel utilizando dois sistemas de solventes de extração (hexano/éter (1:1, v/v)) e clorofórmio/metanol (2:1, v/v)) utilizando oito espécies de algas (4 macroalgas rodofíceas, 1 cloro e 1 feofícea, 1 cianobactéria e 1 microalga verde). As avaliações bioquímicas das espécies de algas foram efectuadas através da estimativa das percentagens de biomassa, lípidos, biodiesel e sedimentos (glicerina e pigmentos). O sistema de solventes de extração hexano/éter (1:1, v/v) resultou em baixas recuperações de lípidos (2,3-3,5% de peso seco), enquanto que o sistema de solventes de extração clorofórmio/metanol (2:1, v/v) provou ser mais eficiente para a extração de lípidos e biodiesel (2,5 a 12,5% de peso seco), dependendo da espécie de alga. O extrato verde *de Dictyochloropsis splendida* produziu o maior rendimento em lípidos e biodiesel (12,5 e 8,75% respetivamente) seguido da cianobactéria *Spirulina platensis* (9,2 e 7,5% respetivamente). Por outro lado, as macroalgas (vermelha, castanha e verde) produziram o menor rendimento de biodiesel. Os ácidos gordos do biodiesel *de Dictyochloropsis splendida* Geitler foram determinados por cromatografia líquida em fase gasosa. A produção de lípidos, biodiesel e glicerol de *Dictyochloropsis splendida* Geitler (a alga promissora) foi acentuadamente melhorada quer pelo aumento da concentração de sal quer pela deficiência de azoto, com uma produção máxima de (26,8, 18,9 e 7,9%, respetivamente) em condições de carência de azoto.

Afify *et al.* (2010) estudaram a extração de óleo de cinco espécies de macroalgas com (Demirbas e Demirbas, 2010) clorofórmio/metanol (2:1, v/v), agitador, 3 vezes e hexano/éter (1:1, v/v), concentração do extrato durante 24 h por evaporador rotativo 9 transesterificação do óleo utilizando catalisador (NaOH em metanol), agitação 20 min, agitador elétrico durante 3 h, Óleo de 2.5% para G. oblongata a 4,4% para *J. rubens* (clorofórmio/metanol) Óleo de 2,3% para *C. sinuosa* a 3,5% para *U. lactuca* (hexano/éter). Biodiesel (FAME) de 0,25% para *J. rubens* a 3,8% para *U. lactuca* (clorofórmio/metanol).

Deng *et al.* (2010) examinaram no seu estudo que, quando o óleo de algas tem muitos ácidos gordos livres, um catalisador homogéneo de base ainda não é sugerido porque pode produzir sabão emulsionado, o que pode inibir a síntese de biodiesel. Por outro lado, um catalisador ácido evita a saponificação, mas tem um impacto catalítico mais fraco na transesterificação, resultando numa taxa de reação mais lenta, num tempo de reação mais longo e numa abordagem menos eficiente.

Zhou *et al.* (2010) investigaram a possibilidade de utilizar a macroalga *Enteromorpha prolifera* para a produção de bio-óleo por liquefação hidrotérmica. Foram estudados os efeitos da temperatura, do tempo de reação e do catalisador alcalino nos rendimentos dos produtos e as caraterísticas dos produtos líquidos e sólidos foram analisadas utilizando vários métodos de análise, tais como a análise elementar, a espetroscopia de infravermelhos com transformada de Fourier (FTIR), GC-MS e ^{1}H NMR.

Ahmed *et al.* (2010) realizaram um estudo sobre a extração de óleo de três espécies diferentes de macroalgas (*Spirogyra, Cladophora* e *Gracilaria*). O óleo de algas foi extraído por métodos de extração físicos e químicos. A reação de transesterificação do óleo de algas com metanol e catalisador de base foi utilizada para a produção de biodiesel. No ensaio de desempenho do motor, as misturas de biodiesel de algas apresentaram um ligeiro aumento do consumo específico de combustível, mas as misturas de biodiesel apresentaram uma maior potência de travagem. As emissões de monóxido de carbono (CO), hidrocarbonetos (HC) e óxidos de azoto (NOx) diminuíram à medida que a percentagem da mistura de biodiesel aumentou na gama de rotações do motor.

Kumari *et al.* (2011) realizaram uma avaliação comparativa dos métodos de Bligh e Dyer, Folch e Cequier-Sánchez para a determinação quantitativa de lípidos totais (LT) e ácidos gordos (AF) em algas verdes selectivas (*Ulva fasciata*), vermelhas (*Gracilaria corticata*) e castanhas (*Sargassum tenerrimum*), utilizando um desenho categórico fatorial completo.

Foram também avaliadas as aplicações da sonicação e do tampão individualmente nos sistemas de solventes de extração de lípidos. As recuperações de AG obtidas com os métodos supramencionados foram comparadas com as dos métodos de transesterificação direta (TD) para identificar os melhores métodos de extração. O desenho experimental mostrou que a matriz macroalgal, o método de extração e o tampão foram determinantes para as recuperações de TL e FA (P6>0,05), exibindo interações significativas. Mas a sonicação deu resultados erráticos, sem interação com nenhum dos factores investigados. O sistema de solvente tamponado de Folch produziu o rendimento mais elevado de TL em *U. fasciata* e *G. corticata*, enquanto o sistema tamponado de Bligh e Dyer produziu o rendimento mais elevado em *S. tenerrimum*. Os métodos DT foram mais convenientes e exactos para a quantificação de AF e produziram rendimentos 1,5-2 vezes superiores quando comparados com o melhor método convencional, minimizando a utilização de solventes clorados, o seu custo de análise e eliminação. O sistema de solventes tamponados foi considerado o mais adequado para a investigação de lípidos em macroalgas.

Venkatesalu *et al.* (2011) estudaram a variação sazonal da composição de ácidos gordos de 51 espécies de algas da Reserva da Biosfera Marinha do Golfo de Mannar. A análise dos ácidos gordos por cromatografia gasosa revelou a presença de uma maior quantidade de ácidos gordos saturados do que de ácidos gordos insaturados. Entre os ácidos gordos saturados, a quantidade de ácido palmítico foi mais elevada (96,88%) em todas as estações e espécies estudadas. Na presente investigação, a percentagem relativa mais elevada de ácido láurico (31,58%), ácido tridecânico (4,46%), ácido não-adecanóico (2,06%), ácido heneicosanóico (23,9%), ácido oleico (21,38%) e ácido linolénico (10.42%) foram registados durante a estação da primavera em *Ulva lactuca, Acanthophora spicifera, Valoniopsis pachynema, Turbinaria decurrens, Stoechospermum marginatum* e *Cheilosporum spectabile*, respetivamente. A percentagem mais elevada de ácido heptadecanóico (12,36%) e de ácido beénico (8,92%) foi registada durante a estação das monções em *Caulerpa taxifolia* e *Terbinaria ornate*. O ácido mirístico (24,71%), o ácido pentadecanóico (3,29%), o ácido palmítico (96,88%), o ácido esteárico (6,99%) e o ácido linoleico (28,61%) foram elevados em *Halimeda tuna, Valoniopsis pachynema, Ulva fasciata, Bryopsis plumose* e *Ulva reticulate*, respetivamente, durante a estação pós-monção. *Padina tetrastromatica* apresentou a percentagem relativa mais elevada de ácido araquídico (12,6%) durante o verão.

Maceiras *et al.* (2011) provaram que as macroalgas são uma matéria-prima viável para a produção de biodiesel. O seu trabalho foi dividido em três secções principais. A primeira etapa desta investigação consistiu na caraterização das macroalgas, a fim de determinar o melhor tipo para realizar o processo de transesterificação. A segunda etapa consistiu na caraterização do biodiesel obtido após a transesterificação direta das macroalgas. Finalmente, o resíduo de algas foi analisado de modo a verificar a sua viabilidade como granulado combustível. A transesterificação alcalina direta foi escolhida para a obtenção de biodiesel a partir de biomassa de macroalgas, de modo a evitar o passo anterior de extração de óleo e purificação do óleo obtido.

Shah *et al.* (2012) discutiram a economia da produção de óleo a partir de algas *Scenedesmus dimorphus* pelos métodos Soxhlet, de ondas ultra-sónicas e de expulsor, cultivadas em tanques abertos. As microalgas foram identificadas como uma potencial matéria-prima para o biodiesel devido à sua elevada produtividade lipídica e ao facto de as condições do processo serem mais suaves do que as necessárias para a pirólise e evitarem a formação de subprodutos. As algas são muito importantes como fonte de biomassa. A análise do óleo de algas por GC, TLC e cromatografia em papel, as algas serão um dia competitivas como fonte de biocombustível.

Cancela *et al.* (2012), no seu estudo, referiram que o objetivo desta investigação era explorar a possibilidade de realizar a transesterificação de macroalgas assistida por micro-ondas e comparar os resultados com a transesterificação tradicional. Por essa razão, foram efectuadas algumas experiências utilizando óleo de girassol e macroalgas como matéria-prima. Com base nos resultados obtidos, as melhores condições para a reação de transesterificação assistida por micro-ondas foram a relação macroalgas/metanol de 1:15 (wt/vol), concentração de hidróxido de sódio de 2 wt % e tempo de reação de 3 minutos.

Urréjola *et al.* (2012) trabalharam na cinética da transesterificação do óleo de algas com metanol na presença de hidróxido de sódio. A conversão final foi determinada usando o índice de acidez e foi obtida uma conversão de 70% em 8 h. Os resultados experimentais foram encontrados para se ajustar à cinética de primeira ordem. Finalmente, foi determinada a constante cinética para a transesterificação do óleo de algas.

Martins *et al.* (2012) avaliaram os perfis e concentrações de ácidos graxos de três espécies de algas marinhas brasileiras, *Hypnea musciformis* (Wulfen) J.V. Lamouroux (Rhodophya), *Sargassum cymosum* C. Agardh (Heterokontophyta) e *Ulva lactuca* L. (Chlorophyta), comparando três métodos de extração (Bligh and Dyer-B&D, AOAC Official Methods- AOM e extração com metanol e ultra-sons - EMU) e dois métodos de transesterificação (7% BF3 em metanol - BF3 e 5% HCl em metanol - HCl). Os teores de ácidos gordos das três espécies de algas marinhas foram significativamente diferentes quando extraídos e transesterificados pelos diferentes métodos. Além disso, o melhor método para uma espécie não foi o mesmo para as outras espécies. Os melhores métodos de extração e transesterificação para *H. musciformis*, *S. cymosum* e *U. lactuca* foram, respetivamente, AOM-HCl, B&D-BF3 e B&D-BF3/B&D-HCl. Estes resultados apontam para um efeito de matriz e o método utilizado para a análise do teor de ácidos gordos de diferentes organismos deve ser selecionado cuidadosamente.

Ivanova *et al.* (2012) estudaram a composição de lípidos e ácidos gordos (FA) de três macroalgas do mar negro, *Cladophora vagabunda*, *Ceramium rubrum* e *Cystoseira barbata*. Ácidos gordos composição foi analisada por GC/MS. O teor total de lípidos variou muito entre as espécies e oscilou entre 0,66 e 0,98 g por 100 g de peso fresco. Em geral, os ácidos gordos saturados foram os principais componentes (62-71%), sendo o 16:0 o saturado mais abundante (41-57%). O total de ácidos gordos polinsaturados e monoinsaturados variou entre 28 e 38%. A alga verde *Cladophora vagabunda* apresentou teores mais elevados de C18 PUF As do que de C20 PUF As, enquanto que para a alga vermelha *Ceramium rubrum* a tendência foi oposta. *A Cystoseira barbata*, pertencente ao grupo das algas castanhas, apresentou quantidades semelhantes de teores de C18 e C20 PUFAs. *A Cladophora vagabunda* era rica em ácido linoleico e *a Ceramium rubrum* em ácido araquidónico (AA), enquanto *a Cystoseira barbata* era rica tanto em ácido linoleico como em ácido eicosopentaenóico. Todas as espécies estudadas apresentaram um rácio n6/n3 nutricionalmente benéfico (1,24-2,84:1).

Sharmila *et al.* (2012) efectuaram a produção de biodiesel a partir da macroalga *Cladophora vagabunda* utilizando diferentes sistemas de solventes, como o isopropanol e o clorofórmio-metanol, para obter um melhor rendimento de biodiesel. Entre estes sistemas de solventes, o sistema de solventes clorofórmio-metanol produziu mais biodiesel (3,3 ml/10 g) do que o sistema de solventes isopropanol (2,6 ml/10 g). Uma vez que *a Cladophora vagabunda* com o sistema de solventes clorofórmio-metanol produziu mais biodiesel, o teor dos seus ésteres de ácidos gordos foi analisado por cromatografia gasosa acoplada a um espetrómetro de massa. Os resultados mostraram que a presença de palmitato de etilo como o éster dominante com uma composição percentual de 9,36% do que o palmitato de metilo 9,18%. Mas a percentagem global do composto éster metílico foi superior (21,66%) à do éster etílico (14,97%). Os principais compostos de ácidos gordos também foram analisados. Estes incluem o ácido mirístico (1,93%), o ácido linolénico (0,60%) e o ácido palmítico (9,18%).

Kumari *et al.* (2012) relataram as composições lipídicas e de ácidos gordos (FA) de 100 macroalgas marinhas do ponto de vista quimiotaxonómico e nutricional. Mostraram que os teores de lípidos nas macroalgas eram baixos (2,3-20 mg/g de peso fresco), mas com quantidades substancialmente elevadas de ácidos gordos polinsaturados (PUFAs) importantes do ponto de vista nutricional, como LA, ALA, STA, AA, EPA e DHA, que variavam entre 10% e 70% dos TFAs.

Gosch *et al.* (2012) trabalharam no potencial das algas marinhas como matéria-prima para produtos à base de óleo e os resultados apoiam as macroalgas (algas marinhas) como fonte de biomassa para bioprodutos à base de óleo, incluindo biodiesel. Não só várias algas marinhas têm um elevado teor total de lípidos, superior a 10% do peso seco, como na alga castanha *Spatoglossum macrodontum* 50% destes lípidos estão sob a forma de ácidos gordos extraíveis. *A S. macrodontum* apresentou o teor mais elevado de ácidos gordos (57,40 mg g^{-1} dw) e um perfil de ácidos gordos rico em ácidos gordos saturados com um elevado teor de C18:1, o que é adequado como matéria-prima para biocombustíveis. Da mesma forma, a alga verde *Derbesia tenuissima* tem níveis elevados de ácidos gordos (39,58 mg g^{-1} dw), no entanto, com uma elevada proporção de PUFA (n-3) (31% do total de lípidos) que são adequados como nutracêuticos ou substitutos do óleo de peixe. Em todas as espécies de algas, o parâmetro crítico do teor de ácidos gordos (medido como ésteres metílicos de ácidos gordos, FAME) foi positivamente correlacionado ($R2 = 0,67$) com o teor total de lípidos.

Zhao *et al.* (2013) realizaram a produção de bio-óleo a partir de macroalgas marinhas *Enteromorpha prolifera* através de métodos de processamento termoquímico, como a pirólise utilizando um reator de queda livre.

Borines *et al.* (2013) relataram que o bioetanol da macroalga *Sargassum* spp. por fermentação enzimática. A taxa de conversão de etanol do hidrolisado enzimático atingiu 89%. Rowbotham *et al.* (2013) estudaram a pirólise térmica para converter as macroalgas *Laminaria digitata* em combustível e produtos químicos de base.

Dave *et al.* (2013) avaliaram as caraterísticas técnico-económicas da utilização de macroalgas de zonas temperadas europeias num digestor anaeróbio (DA) selecionado, utilizando o software de modelação de processos químicos ECLIPSE. A avaliação abrangeu o balanço de massa e energia de todo o processo seguido do estudo de viabilidade económica, que incluiu a estimativa do custo total, o cálculo do valor atual líquido e a análise de sensibilidade. A dimensão da central selecionada correspondeu a uma AD comunitária de 1,6 MWth com uma taxa de alimentação de macroalgas de 8,64 toneladas por dia (base seca). O biogás produzido foi utilizado numa central de produção combinada de calor e eletricidade, gerando 237 kWenet de eletricidade e 367 kWth de calor. O preço de equilíbrio da venda de eletricidade neste estudo foi estimado em cerca de 120 euros/MWh. A literatura existente tentou provar que o biodiesel pode ser produzido a partir de macroalgas. Mas há falta de informação sobre a produção de biodiesel a partir de biomassa de macroalgas com uma via adequada. Por conseguinte, é a primeira vez que se tenta produzir biodiesel a partir de 4 espécies de macroalgas.

Suganya *et al.* (2013), na sua investigação sobre o óleo de algas *Enteromorpha compressa* com elevado teor de ácidos gordos livres (AGL), utilizaram-no como matéria-prima para a produção de biodiesel. Foram desenvolvidos processos em duas etapas e executado um estudo cinético para obter a constante da taxa de reação para a reação de transesterificação. A esterificação ácida foi levada a cabo para reduzir os AGL de 6,3 para 0,34% com parâmetros optimizados de 1,5% H_2SO_4, razão metanol-óleo 12:1, 400 rpm a 60°C e 90 min de tempo de reação. O rendimento máximo de biodiesel, 90,6%, foi alcançado a partir da transesterificação de base através de condições óptimas de 1% de NaOH, razão metanol-óleo 9:1, 600 rpm e temperatura de 60°C durante 70 min. O biodiesel de algas foi caracterizado por GC-MS, HPLC e NIR. Esta transesterificação segue a cinética de reação de primeira ordem e a energia de ativação foi determinada como 73, 154.89 J/mol. As propriedades do biodiesel foram analisadas e encontradas dentro dos limites das normas americanas. Assim, *a E. compressa* serve como uma valiosa matéria-prima renovável para a produção de biodiesel.

Ivanova *et al.* (2013) determinaram e compararam a composição total de lípidos e ácidos gordos (FA) de *Ulva rigida* e *Cystoseira crinita*. Os lípidos foram extraídos de acordo com o método de Bligh e Dyer. A composição de ácidos gordos foi analisada por cromatografia gasosa com detetor MS. O teor total de lípidos variou entre 0,72 e 0,79 g. 100 g^{-1} de peso fresco. Em geral, os ácidos gordos saturados foram os principais componentes (65-70%), sendo o ácido palmítico (C16:0) o saturado mais abundante (56-63%). O total de ácidos gordos polinsaturados (PUFAs) e ácidos gordos monoinsaturados (MUFAs) variou entre 29 e 35%. A alga verde apresentou teores mais elevados de PUFAs C18 do que de PUFAs C20. *A Cystoseira crinita*, pertencente ao grupo das algas castanhas, apresentou quantidades semelhantes de teores de AGPI C18 e C20. A alga verde era rica em ácido linoleico (LA, C18:2n6), enquanto a alga castanha era rica tanto em ácido linoleico (LA, C18:2n6) como em ácido eicosopentaenóico (EPA, C20:5n3). O rácio PUFA/SFA em ambas as espécies foi de aproximadamente 0,35. Todas as espécies estudadas apresentaram um rácio n6/n3 nutricionalmente benéfico (1,01-2,43:1).

Silva *et al.* (2013) avaliaram a composição de ácidos gordos por GC-MS após hidrólise alcalina e derivatização. Dez espécies de macroalgas castanhas foram recolhidas ao longo da costa oeste portuguesa para aí serem estudadas. Os resultados desta pesquisa mostraram que diferentes macroalgas da mesma região apresentam perfis de ácidos gordos distintos. No que diz respeito aos ácidos gordos polinsaturados ω-3, o ácido eicosapentaenóico foi encontrado em todas as espécies exceto uma. Adicionalmente, algumas espécies continham ácido docosahexaenóico. O ácido linoleico, um ácido gordo essencial da série ω-6, estava presente em todas as macroalgas estudadas. *Fucus spiralis* L. apresentou as quantidades mais elevadas de ácidos gordos monoinsaturados e de ácidos gordos polinsaturados das séries ω-3 e ω-6. O rácio ω-6/ω-3 em metade das espécies estudadas foi inferior a 1. Esta informação reforça a potencial aplicação de algumas macroalgas castanhas como fontes dietéticas de ácidos gordos polinsaturados.

Abdo *et al.* (2013) fizeram uma investigação sobre a composição de ácidos gordos e lípidos totais em 19 estirpes de microalgas de água doce isoladas do rio Nilo do Egito. As espécies cresceram em meio BG11 e foram colhidas na fase estacionária. O crescimento das algas foi monitorizado através da medição do teor de clorofila a. O teor de lípidos foi determinado com dois métodos de extração de lípidos utilizando o sistema co-solvente para cada espécie. O primeiro método utilizou clorofórmio-metanol (1:1 v/v) e o segundo utilizou uma mistura de n-hexano e isopropanol (3:2 v/v). A análise por cromatografia gasosa mostrou uma variação na composição de ácidos gordos da estirpe de algas isolada. O teor total de lípidos mais elevado foi detectado em *Microcystis aeruginosa* (30%), seguido de *Chlamydomonas variabills* (21%). Entre os ácidos gordos, foi detectado o ácido palmítico C16:0 em concentrações relativamente elevadas em todas as estirpes. Também os ácidos gordos insaturados oleico, linoleico e linolénico foram encontrados na maioria das espécies. Isto significa que o óleo de algas da maioria das espécies isoladas tem a composição de ácidos gordos adequada para a produção de biodiesel.

Verma *et al.* (2013) realizaram um estudo sobre a bioprospecção de trinta algas marinhas da costa indiana e analisaram os seus componentes bioquímicos, incluindo pigmentos, ácidos gordos e teor de cinzas. A análise multivariada dos componentes bioquímicos e dos ácidos gordos foi efectuada utilizando a análise dos componentes principais (PCA) e o agrupamento hierárquico aglomerativo (AHC) para manifestar a relação quimiotaxonómica entre várias algas marinhas. A análise global sugere que estas algas marinhas têm propriedades multifuncionais e podem ser utilizadas como promissores recursos biológicos para proteínas, lípidos, pigmentos e hidratos de carbono para a indústria alimentar e de biocombustíveis.

Suganya *et al.* (2013) estudaram o pó de algas *E. compressa* pré-tratado (sonicação) submetido a um processo de extração no aparelho Soxhlet (sistema de solventes: 1% de éter dietílico e 10% de cloreto de metileno em n-hexano, 6 h), remoção do solvente num evaporador rotativo. Durante a extração, foi obtido óleo de algas *E. compressa* com elevado teor de ácidos gordos livres. O biodiesel de *E. compressa* foi obtido através de um processo em duas fases. Esterificação ácida para reduzir os ácidos gordos livres (de 6,3% para 0,34%) com 1,5% de H_2SO_4, razão metanol-óleo 12:1, 400 rpm, 60°C, 90 min. Transesterificação de base com NaOH a 1%, relação metanol/óleo de 9:1, 600 rpm, 60°C, 70 min. O rendimento máximo de biodiesel foi de 90,6% (FAME).

Suganya *et al.* (2014) trabalhou na transesterificação *in situ* de *Enteromorpha compressa* biomassa de algas foi realizada para a produção de biodiesel. O rendimento máximo de ésteres metílicos (ME) de 98,89% foi obtido usando irradiação ultra-sônica. Verificou-se que o tetra-hidrofurano (THF) e o catalisador ácido (H_2SO_4) eram um co-solvente e um catalisador adequados para a biomassa de *E. compressa* com elevado teor de ácidos gordos livres (AGL), a fim de aumentar a eficiência do processo reativo in situ. O estudo de otimização foi realizado para obter o rendimento máximo e foi determinado como 30 vol. % de THF como um co-solvente, 10 wt% de H_2SO_4, 5,5:1 proporção de metanol para biomassa de algas e 600 rpm de intensidade de mistura a 65 ° C durante 90 min de tempo de irradiação ultra-sónica. O biodiesel produzido foi caracterizado por análise de espetroscopia de ressonância magnética nuclear de 1H (^{1}H NMR). Estudos cinéticos revelaram que a reação seguiu o mecanismo de reação de primeira ordem. A transesterificação rápida in situ foi considerada uma técnica adequada para produzir biodiesel a partir de matéria-prima de macroalgas marinhas.

Michalak e Chojnacka (2014) e Naghdi *et al.* (2016) fizeram uma revisão das técnicas de extração de algas e dos métodos de pré-tratamento e demonstraram que, entre as novas técnicas de extração, os lípidos também podem ser extraídos das algas utilizando a extração assistida por micro-ondas, a extração assistida por ultra-sons, a extração assistida por enzimas e a extração por líquido pressurizado.

Khan *et al.* (2015) referiram que, durante a transesterificação, os TAG de algas marinhas reagem com álcool na presença de um catalisador para formar um biodiesel a partir de ésteres alquílicos de ácidos gordos, por exemplo, ésteres metílicos de ácidos gordos FAME e ésteres etílicos de ácidos gordos FAEE e glicerol. A transesterificação pode ser realizada em condições ácidas (para um teor mais elevado de ácidos gordos livres e de água na matéria-prima), básicas (tempo de reação curto para matéria-prima com baixo teor de ácidos gordos livres e de água) ou enzimáticas.

Khan *et al.* (2015) experimentaram que a extração de óleo de *Cystoseira indica* (B) e *Scinaia hatei* (R) por imersão com n-hexano, nheptano, diclorometano, éter dietílico e n-hexano: mistura de éter dietílico (1:1, v/v) (o melhor solvente), repetida 2 vezes Durante a imersão, as amostras foram submetidas a sonicação (frequência de 40 KHz) e agitação alternadamente durante 15 min a 25-30°C durante 2 h e deixadas durante a noite Concentração do extrato por evaporador rotativo Transesterificação alcalina do óleo utilizando metóxido de potássio como catalisador (KOH dissolvido em metanol) condições anidras, agitação contínua, 45 min, 65°C, Óleos 2.4% para *C. indica* e 3,2% para *S. hatei* (utilizando a mistura n-hexano: éter dietílico) Biodiesel (FAME) 89% para *C. indica* biodiesel (FAME) 91% para *S. hatei.*

Khan e Fatima (2015) trabalharam na extração de óleo de *Ulva fasciata* (G) por imersão de algas secas em diclorometano durante uma semana, 3 vezes, concentração de extrato por transesterificação de óleo em evaporador rotativo utilizando uma série de álcoois na presença de Na metal e NaOH como catalisadores. Para realizar as reacções, foram utilizadas duas técnicas: agitação mecânica (Na metal, 1 h, 30°C, NaOH 1 h, 60°C) e irradiação por micro-ondas. Óleo 30 g/kg de pó de algas secas. Biodiesel FAME: 96% usando transesterificação irradiada por micro-ondas com Na metal. Biodiesel FAME: 97% e FAEE: 98% usando Na metal através de agitação mecânica.

Siddiqua *et al.* (2015) trabalharam na transesterificação do óleo *de Chara vulgaris* (G) usando catalisador (NaCl em metanol), 55-65°C, 3 h. As condições ideais de produção de biodiesel para 12 g de algas secas são 198 mL de clorofórmio, 0,75% NaCl, 65°C de rendimento 3,6 mL (0,3 mL/g de peso seco). Foram testados três parâmetros: clorofórmio (118, 158 e 198 mL), concentração de cloreto de sódio (0,7, 0,75 e 0,8%) e temperatura (55 e 65°C). Extração de óleo: lavada com água e a alga seca foi extraída com clorofórmio e metanol.

Khan e Hussain (2015) trabalharam na extração de biodiesel de *Melanothamnus afaqhusainii*. As algas foram secas e convertidas em pó fino. Extração de lípidos com n-hexano e diclorometano (1:1), 3 vezes, e depois evaporação do solvente. Produção de biodiesel metanólise e etanólise, com HCl concentrado (agitado em placa quente durante 24 h) ou NaOH (6 h à temperatura ambiente), após a reação, adicionou-se água e n-hexano e misturou-se. Metanólise e etanólise irradiadas por micro-ondas (óleo, metóxido de sódio ou etóxido e n-hexano) em forno de micro-ondas modificado, 5 min. FAME (metanólise): básico 38% > ácido 32% > irradiado por micro-ondas 30%. FAEE (etanólise): básico 40% > irradiado por micro-ondas 35% > ácido 33%. O tempo de reação para a alcólise irradiada por micro-ondas é de apenas 5 minutos, o que o torna um método superior para a produção de biodiesel.

Dahlia e El-Maghraby *et al.* (2015) analisaram o conteúdo total de lípidos e os perfis de ácidos gordos, as macroalgas marinhas *Jania rubens* (Rhodophyceae), *Ulva linza* (Chlorophyceae) e *Padina pavonica* (Phaeophyceae) foram avaliadas para a produção de biodiesel durante a primavera, o verão e o outono. Foram medidos os parâmetros da água do mar, como o pH, a salinidade e a temperatura. O teor total de lípidos variou entre 1,56% (*J. rubens*) e 4,14% (*U. linza*) de peso seco, tendo os valores mais elevados ocorrido na primavera.

Os perfis de ésteres metílicos de ácidos gordos foram analisados por cromatografia gasosa. A percentagem mais elevada de ácidos gordos totais foi registada em *P. pavonica*, com 6,2% no outono, enquanto a mais baixa foi registada em *J. rubens*, com 68,6% no verão. A quantidade relativa de ácidos gordos saturados e insaturados foi significativamente mais elevada na *P. pavonica* do que nas outras macroalgas. As variações sazonais do pH, da salinidade e da temperatura não tiveram um efeito significativo nos teores totais de lípidos e de ácidos gordos. A análise de componentes principais agrupou as algas castanhas e verdes, ao passo que as algas vermelhas não foram agrupadas. Além disso, os perfis de ésteres metílicos indicam que as algas castanhas e verdes são preferidas, seguidas das algas vermelhas, que parecem ter pouco potencial para produtos à base de óleo. Por conseguinte, estas algas marinhas não são alvo da produção de biodiesel.

Ahmed *et al.* (2015) relataram que em muitas partes do mundo as algas marinhas são utilizadas como fonte de alimentos, medicamentos e fertilizantes. Efectuaram análises bioquímicas de algumas algas selecionadas da costa de Karachi. No total, foram estudadas quinze espécies, incluindo algas verdes (*Ulva fasciata, Codium tomentosum, Codium shameelii, Codium iyengarii* e *Caulerpa racemosa*), algas vermelhas (*Sarconema fucellatum, Campia compressa, Gelidium usmanghanii, Solieria robusta* e *Osmundea pinnatifida*) e algas castanhas (*Sargassum muticum, Stoechospermum marginatum, Stypopodium shameelii, Sargassum swartzii* e *Sargassum ilicifolium*). A análise bioquímica mostrou a ocorrência de proteínas (8,29 a 19,62%), hidratos de carbono (11,43 a 24,57%), lípidos (2,65 a 4,97%) e fibras (19,66 a 28,51%). Os resultados do estudo podem ser utilizados como base para investigação avançada sobre algas marinhas.

Jeong *et al.* (2015) realizaram uma extração de lípidos de *Enteromorpha intestinalis*. Entre 13 tipos de solventes orgânicos, o sistema clorofórmio/metanol (2:1, v/v) obteve o maior teor. Tendo em conta o procedimento de extração de lípidos e a quantidade extraída, a relação ideal sólido/líquido foi de 1:50 (p/v). Com o aumento da temperatura de extração, o teor aumentou até 45°C, após o que aumentou apenas ligeiramente. Do mesmo modo, com o aumento do tempo de extração, o teor aumentou linearmente até 2,5 h, após o que se manteve estável. A partir de uma análise da composição de ácidos gordos do lípido extraído de *E. intestinalis*, o teor de ácido palmítico e ácido esteárico foi de 39,85±1,19% e 14,61±0,80%, respetivamente. As concentrações de ácidos gordos insaturados (C18:1, C18:2 e C18:3), entretanto, foram de 0,3-3,2%.

Khan e Hussain (2015) demonstraram que, durante a transesterificação, os TAG de algas marinhas reagem com álcool na presença de um catalisador para produzir biodiesel a partir de ésteres alquílicos de ácidos gordos, como o éster metílico de ácidos gordos FAME e o éster etílico de ácidos gordos FAEE, bem como glicerol. A transesterificação pode ser efectuada em condições ácidas (para matérias-primas com maior teor de ácidos gordos livres e de água), básicas (para matérias-primas com menor teor de ácidos gordos livres e de água) ou enzimáticas (para matérias-primas com baixo teor de ácidos gordos livres e de água).

Khan *et al.* (2015) extraíram óleo de *Cystoseira indica* (B) e *Scinaia hatei* (R) embebendo-os em n-hexano, nheptano, diclorometano, éter dietílico e uma combinação de n-hexano:éter dietílico (1:1, v/v) (o melhor solvente). Durante a imersão, as amostras foram expostas a sonicação (frequência de 40 KHz) e agitação alternada durante 15 minutos a 25-30°C durante 2 horas antes de serem deixadas durante a noite. Concentração do extrato utilizando um evaporador rotativo Condições anidras, agitação contínua, 45 minutos, 65°C, transesterificação alcalina do óleo utilizando metóxido de potássio como catalisador (KOH dissolvido em metanol), o óleo *de C. indica* tem 2,4% e o óleo de *S. hatei* contém 3,2% (utilizando a mistura n-hexano: éter dietílico): 89% e biodiesel *de S. hatei* (FAME): 91%.

Naik *et al.* (2015) estudaram a diversidade de algas marinhas na baía de Karwar. A baía de

Karwar (14° 49' 06" N a 14° 50' 12" N e 74° 03' 30" E a 74° 05' 54" E) é rica em distribuição de algas marinhas e estas macroalgas mostraram a sua diversificação relativamente às condições ambientais do biótopo. Na presente investigação, foram registadas 32 espécies de algas marinhas pertencentes a 19 géneros, incluindo os grupos vermelho, castanho e verde. As espécies dominantes registadas foram *Sargassum* sp., *Ulva fasciata, U. lactuca, Padina* sp. e *Caulerpa* sp. Entre os três grupos, foram registadas clorofíceas com seis géneros, feofíceas com cinco e rodofíceas com oito géneros durante o período do presente estudo. A densidade relativa, o índice de diversidade, a uniformidade das espécies, a riqueza das espécies e o índice de similaridade das algas marinhas variaram muito consoante as estações do ano. O peso húmido e seco e o teor de humidade também mostraram sazonalidade na sua variação em relação ao habitat. Verificou-se uma grande magnitude de variação na abundância e distribuição das algas no espaço e no tempo. Foi feita uma tentativa de explicar a relação entre as condições ambientais e as macroalgas.

Khan *et al.* (2016) relataram que o óleo de extração de *Ulva fasciata* (G) por imersão com n-hexano durante 5 dias, repetido 3 vezes, Concentração de extrato por evaporador transesterificação de óleo por agitação rápida usando 9:1 M razão de metanol/óleo na presença de catalisadores (poeiras industriais), 6 h, 80-100°C Óleos-2,8%, biodiesel (FAME)-88% usando resíduos de poeira castanha do conversor de aço como catalisador.

Barbot *et al.* (2016) relataram que a farinha de macroalgas (*Gelidium sesquipedale*), um resíduo da extração de ágar-ágar, os resíduos de *Gracilaria gracilis* da extração de proteínas de phycobili, os resíduos de *Laminaria japonica* do processamento industrial de biomassa, os resíduos de fermentação e sacarificação da produção de bioetanol de *Gelidium amani*, os resíduos de extração de alginato de *Ascophyllum* spp. e as lamas de extração de alginato de *Laminaria hyperborea* e *Ascophyllum nodosum.*

Maceiras *et al.* (2016) investigaram as macroalgas marinhas como uma matéria-prima alternativa para a produção de biodiesel. Os resultados obtidos mostram que a produção de biodiesel a partir de óleo extraído de algas marinhas é viável por transesterificação. A extração de óleo pode ser realizada simultaneamente com a transesterificação. Para investigar as condições de reação óptimas, a reação foi realizada em várias proporções molares de metanol para óleo, concentrações de catalisador e temperaturas de reação. O processo rende 1,6-11,5%, dependendo das condições de reação. Além disso, foram analisadas as propriedades do resíduo da transesterificação das macroalgas após a transesterificação, concluindo-se que é um material adequado para o fabrico de granulados de combustível.

Khan *et al.* (2016) estudaram que, para fabricar biodiesel, os óxidos metálicos heterogéneos (BaO, CaO, CdO, MgO, SrO, TiO2, ZnO e ZnO2) e os ácidos e bases fortes homogéneos (BaO, CaO, CdO, MgO, SrO, TiO2, ZnO e ZnO2) são normalmente utilizados como catalisadores, por exemplo, resíduos de poeiras industriais sem qualquer pré-tratamento. Além disso, o catalisador pode ser recolhido e reutilizado.

Khan *et al.* (2016) extraíram óleo de *Ulva fasciata* (G) mergulhando-o em n-hexano durante 5 dias e repetindo o processo três vezes. Concentração de extrato assistida por evaporador Transesterificação de óleo através de agitação rápida com um rácio metanol/óleo de 9:1 M na presença de catalisadores (poeiras industriais), 6 h, 80-100°C Óleos 2,8%, biodiesel (FAME) 88% utilizando poeiras castanhas residuais do conversor de aço como catalisador.

Renita *et al.* (2017) propuseram não apenas a produção de biodiesel a partir de algas marinhas (*Caulerpa peltata*), mas também a aplicação de catalisadores verdes feitos a partir de resíduos de cascas de ovos preparados por calcinação a várias temperaturas por vários períodos de tempo. Verificou-se também que o biodiesel produzido utilizando a casca de ovo como catalisador tinha o mesmo desempenho que o catalisador comercial.

Ashokkumar *et al.* (2017) estudaram a extração de biodiesel de algas marinhas *Padina tetrastromatica*. A alga foi lavada com água do mar, água doce, seca e moída. Pré-tratamento ultra-sônico de biomassa e extração de solventes de lipídios com nitrohexano, diclorometano, hexano: éter dietílico (1:1), clorofórmio: metanol (2:1), hexano: metanol (1:1), acetonitrila, ciclohexano:metanol (3:1), hexano: diclorometano (1:3) e tetra-hidrofurano, extração de lípidos com o aparelho de Soxhlet (relação solvente/biomassa de 12:1, 10 h) e sistema descontínuo (agitador magnético) para a gama de temperaturas: 35-65°C, relação solvente/biomassa: 5:1-10:1, tempo de extração: 60-180 min. Transesterificação catalisada por ácido e alcalino: 1st passo ácido: metanol dissolvido com 1,5% de catalisador H2SO4, agitação (600 rpm) com lípidos de algas, 65°C, 3,5 h, 2nd passo esterificado lípido de algas foi ainda transesterificado com um catalisador alcalino metóxido de sódio (0-2,5%), 65°C, diferentes tempos de reação (30-150 min), velocidade de agitação de 600 rpm. A técnica ultra-sónica melhorou a extração de lípidos. O melhor solvente para a extração de lípidos foi o metanol/ciclo-hexano na proporção de 1:2. O rendimento mais elevado de lípidos brutos foi registado em proporções de solvente/biomassa de 9:1 a 150 minutos de tempo de extração, 65°C. O rendimento de biodiesel em condições óptimas foi de 78 mg/g de biomassa de algas.

Roy e Anantharaman (2017), na sua investigação, relataram que um total de 33 espécies de algas marinhas foram recolhidas na costa sudeste da Índia e analisadas quanto à sua composição bioquímica, como hidratos de carbono, incluindo glicose e amido, proteínas e lípidos. O teor de hidratos de carbono variou entre 15,20 ± 0,69 mg/gm de peso seco (*Padina boergesenii*) e 97,69 ± 2,3 mg/gm de peso seco (*Gracilaria edulis*). O teor de hidratos de carbono das algas vermelhas foi comparativamente mais elevado do que o das algas verdes e castanhas. O teor de proteínas foi mínimo na *Cystoseira indica* (76,23 ± 0,21 mg/gm de peso seco) e máximo na *Amphiroa anceps* (96,06 ± 0,95 mg/gm de peso seco) e o teor de lípidos foi comparativamente elevado na *Valoniopsis pachynema* (82,33 ± 2,51 mg/gm de peso seco) e na *Caulerpa racemosa* (81,06 ± 0,37 mg/gm de peso seco). O teor de glucose foi elevado em *Digenea simplex* (0,78 ± 0,004 mg/gm de peso seco) seguido de *Laurencia papillosa* (0,61 ± 0,08 mg/gm de peso seco), do mesmo modo que o teor de amido também foi elevado em *Digenea simplex* (0,72 ± 0,01 mg/gm de peso seco) e *Laurencia papillosa* (0,54 ± 0,00 mg/gm de peso seco).

Khan *et al.* (2017) demonstraram a produção de biodiesel a partir do conteúdo oleoso da macroalga marinha *Sargassum tenerrimum* através de agitação mecânica e irradiação por micro-ondas. O óleo de algas, bem como a biomassa direta de algas, foram submetidos à metanólise e à etanólise usando Na metálico, NaOH e H2SO4 como catalisadores. Verificou-se que a agitação mecânica é um método relativamente lento mas mais viável para a transesterificação, ao passo que a irradiação por micro-ondas foi considerada um método demasiado rápido, com certas limitações, como a colisão vigorosa, que seria incontrolável em grande escala. O Na metálico foi o catalisador mais reativo que produziu FAME (82%) e FAEE (80%) por agitação mecânica à temperatura ambiente, enquanto que produziu FAME (88%) e FAEE (85%) por aquecimento por micro-ondas em 1-5 minutos. Verificou-se que o Na metal é muito reativo, o NaOH é moderado e o H2SO4 é o catalisador mais lento para a transesterificação. O metanol foi considerado mais reativo devido ao seu tamanho mais pequeno em comparação com o etanol. O óleo de algas produziu uma quantidade significativa de biodiesel em comparação com a biomassa de algas devido à interação máxima dos reagentes com o óleo. A produção de biodiesel foi confirmada por exame TLC e pela comparação das propriedades do combustível do biodiesel com os limites padrão ASTM do biodiesel.

Abomohra *et al.* (2017) estudaram dez macroalgas recolhidas e selecionadas como matérias-primas para biodiesel. Como resultado da sua elevada produção de biomassa e conteúdo lipídico relativamente elevado, *Ulva lactuca, Padina boryana* e *Ulva intestinalis* apresentaram as maiores produtividades significativas de lípidos e ésteres metílicos de ácidos gordos (FAMEs) entre as espécies estudadas. Os ácidos gordos saturados (SAFs) mostraram diferenças insignificantes nas espécies selecionadas, com um teor significativamente mais elevado de ácidos gordos polinsaturados (PUFAs) em *U. lactuca* em 4,2 e 3 vezes, em relação a *P. boryana* e *U. intestinalis,* respetivamente. O aumento registado nos AGPI foi atribuído a um teor mais elevado de C16:4n-3, C18:3n-3 e C18:4n-3. Por fracionamento de lípidos, *P. boryana* apresentou uma concentração significativamente mais elevada de lípidos neutros (37,7 mg gL^1 CDW, representando 46,7% do total de ácidos gordos) em comparação com *U. lactuca* e *U. intestinalis*, que apresentaram fracções de lípidos neutros 16 e 17% inferiores, respetivamente. Para além disso, as caraterísticas do biodiesel das macroalgas estudadas estão em conformidade com as normas internacionais. Além disso, a biomassa residual isenta de óleo pode ser facilmente convertida em açúcares fermentáveis ou biogás devido ao seu elevado teor de hidratos de carbono, o que contribui para a economia das macroalgas como matéria-prima para biocombustíveis. Em conclusão, o presente estudo confirmou que as macroalgas representam uma matéria-prima renovável alternativa atractiva para o biodiesel e outros biocombustíveis.

Ishakani *et al.* (2017) analisaram a importância das algas marinhas como recurso renovável no ambiente marinho e têm sido uma fonte natural conhecida de compostos nutricionais com benefícios para a saúde. O estudo nutricional dos compostos de algas marinhas tem sido escasso e é estimado principalmente a partir de sua composição bioquímica e química. Para o efeito, procedeu-se à avaliação da qualidade nutricional das algas *Ulva reticulata* e *Sargassum cinctum* com base no perfil de aminoácidos e de ácidos gordos. Os aminoácidos foram analisados utilizando a unidade UHPLC (ultimate high performance liquid chromatography) e os ácidos gordos foram identificados e quantificados como FAME (fatty acid methyl ester) utilizando a unidade GC-MS (gas chromatography mass spectrophotometer). Os resultados revelaram que o número de aminoácidos foi observado em *U. reticulata* (15) e *S. cinctum* (14) com mais de 50% de aminoácidos essenciais (EAA) em relação ao total de aminoácidos (TAA), enquanto o teor de PUFAs foi de 67,04 e 60,78%, respetivamente, com uma relação n-6/n-3 inferior a um na dieta. Por conseguinte, os resultados indicam que ambas as algas marinhas podem ser consideradas como fonte alternativa de aminoácidos e ácidos gordos para suplementos alimentares e nutrição animal.

Cardoso *et al.* (2017) fizeram a composição lipídica de cinco espécies de algas verdes (*Chaetomorpha linum, Rhizoclonium riparium, Ulva intestinalis, Ulva lactuca* e *Ulva prolifera*) cultivadas em sistemas de aquacultura em tanques de peixes, analisando em particular o perfil geral de ácidos gordos (FA) e o perfil FA de cada classe lipídica principal encontrada nestas espécies de algas marinhas. Verificou-se que cada alga tinha um perfil específico de AF, cujas especificidades se tornaram mais evidentes com o estudo do perfil de AF por classe lipídica. No entanto, entre *a U. lactuca* e a *U. intestinalis*, as diferenças são mínimas. No entanto, foi possível identificar diferenças significativas entre o teor de ácido palmítico nas classes dos fosfolípidos (PL) e dos glicolípidos (GL) de cada alga. Foi também determinada uma distinção clara entre os perfis de AF de *R. riparium* e *C. linum*, que pertencem à ordem Cladophorales, e os do género *Ulva*, da ordem Ulvales. Além disso, também se verificaram diferenças entre as classes de lípidos, com grandes contrastes entre PLs + GLs e triacilgliceróis (TAGs), bem como entre monoacilgliceróis (MAGs) e ácidos gordos livres (FFAs). Este estudo também encontrou provas que apoiam a localização de determinados AG em posições específicas dos TAG. Os perfis de AF têm potencial para serem utilizados como ferramenta quimiotaxonómica em algas verdes, proporcionando um método simples para verificar a autenticidade das algas utilizadas como alimento.

Schmid *et al.* (2018) avaliaram a adequação das macroalgas do sul da Austrália como potencial recurso marinho para ácidos gordos (FA) e, em particular, ácidos gordos polinsaturados (PUFA), análise de 61 espécies, compreendendo 11 Chlorophyta, 17 Phaeophyceae (Ochrophyta) e 33 Rhodophyta. As concentrações de ácidos gordos totais (AGT) variaram consideravelmente (entre 0,6 e 7,8 em % do peso seco (MS)) entre as espécies, com as concentrações médias mais elevadas nas Phaeophyceae, depois nas Chlorophyta e com as Rhodophyta a registarem as concentrações médias mais baixas. Os resultados revelaram diferenças significativas nos perfis de ácidos gordos dos três grupos de algas. A maioria das espécies apresenta elevadas proporções de PUFA no seu perfil de ácidos gordos e um baixo rácio de PUFA n-6:n-3. Estas propriedades realçam o potencial das macroalgas do sul da Austrália para serem utilizadas para estes AG nos géneros alimentícios, na alimentação animal e em aplicações nutracêuticas.

Umesh *et al.* (2018) relataram que a eficiência da produção de biodiesel a partir das microalgas *Spirogyra oblonga* e *Cladophora vagabunda* foi estudada usando o processo de transesterificação à base de álcali. O método de extração por solvente foi utilizado para extrair óleo e o rendimento quantitativo foi comparado para ambas as algas. O rendimento do óleo extraído foi mais elevado na *Cladophora* sp. do que na Spirogyra sp. Os parâmetros que afectam a reação, tais como a temperatura de funcionamento e o tempo de reação, foram estudados para dois catalisadores diferentes. O rendimento do biodiesel produzido a partir de *Cladophora vagabunda* foi de 94%. Os parâmetros de funcionamento foram a temperatura de 65°C, o tempo de reação de 90 minutos e a relação óleo: metanol de 1:10. KOH (0,7 wt %) foi utilizado como catalisador para este processo. O biodiesel obtido a partir de ambas as espécies tem propriedades comparáveis às dos combustíveis convencionais. *A Cladophora vagabunda* e *a Spirogyra oblonga* mostraram uma elevada capacidade para produzir um biodiesel de boa qualidade.

Schmid *et al.* (2018) avaliaram a adequação das macroalgas como fonte de energia renovável. 16 espécies (nove Phaeophyceae, cinco Rhodophyta e duas Chlorophyta) foram recolhidas em duas épocas (junho e novembro) na costa oeste da Irlanda e foram determinados os teores totais de ácidos gordos e perfis específicos. Os teores totais de ácidos gordos, expressos em percentagem de peso seco, variaram entre 6,4 ± 0,3 (*Pelvetia canaliculata*, Phaeophyceae) e 0,8 ± 0,2 (*Porphyra dioica*, Rhodophyta). Os ácidos gordos mais comuns foram os ácidos palmítico (16:0), oleico (OLE, 18:1 $_{n-9}$), α-linolénico (ALA, 18:3 n^{-3}), araquidónico (ARA, 20:4 n^{-6}) e eicosapentaenóico (EPA, 20:5 n^{-3}). Os perfis de ácidos gordos eram muito variáveis entre e dentro dos grupos de algas, as algas vermelhas e castanhas eram geralmente mais ricas em LC-PUFA (por exemplo, 20:4 n^{-6} e 20:5 $n^{(-3)}$)), enquanto que nas espécies verdes se observavam níveis elevados de ácidos gordos saturados, como o ácido palmítico (16:0). A maioria das espécies ricas em AGPI ómega 3 investigadas tinha uma relação de ácidos gordos ómega 6/ómega 3 próxima de 1, o que é favorável para a saúde humana. As duas épocas de amostragem sazonais revelaram diferenças significativas nos teores totais de ácidos gordos e de 20:5 n^{-3} (EPA), com alterações que dependem das espécies, implicando assim uma adequação variável como espécies-alvo potenciais para a produção de EPA. Em ambas as épocas do ano, *a Palmaria palmata* foi identificada como a espécie mais promissora como fonte de 20:5 n^{-3} (EPA) entre todas as espécies investigadas, com níveis que variaram entre 0,44 e 0,58% do peso seco em junho e novembro, respetivamente.

Ameka *et al.* (2019) determinaram a adequação das macroalgas marinhas (também conhecidas como algas marinhas), do Golfo da Guiné, ao largo da costa do Gana, para a produção de biodiesel como alternativa aos combustíveis líquidos como o gasóleo e a gasolina. Cinco espécies de macroalgas verdes marinhas: *Caulerpa taxifolia, Chaetomorpha antennina, Chaetomorpha linum, Ulva fasciata* e *Ulva flexuosa* foram colhidas nas águas costeiras do Gana em West Tema Rocks durante a maré baixa. Os lípidos de algas foram extraídos da biomassa de algas secas com hexano e éter dietílico. O biodiesel foi produzido a partir de lípidos de algas por transesterificação catalisada por bases, com álcool. O teor lipídico das amostras foi mais elevado em *C. linum* (1,13 g, 5,65% de peso seco) e mais baixo em *C. antennina* (0,54 g, 2,70% de peso seco). Da mesma forma, a quantidade de biodiesel produzida a partir dos lípidos foi mais elevada em *C. linum* (0,97 g, 4,85% de peso seco) e mais baixa em *C. antennina* (0,48 g, 2,40% de peso seco). A quantidade de biodiesel produzida a partir de amostras das cinco espécies situou-se bem dentro do intervalo obtido para essas espécies a nível mundial. São discutidas as implicações do rendimento do biodiesel para a produção comercial e o trabalho futuro sobre as macroalgas marinhas do Gana como fonte de biocombustível.

Nunes *et al.* (2019) determinaram o potencial das macroalgas para aplicação em medicamentos, nutracêuticos, alimentos ou suplementos. Três macroalgas recolhidas na Ilha da Madeira foram incluídas neste estudo. O teor de ácidos graxos foi maior em *Zonaria tournefortii* (12,32 mg g^{-1} dw) com 16,58% de PUFAs, ácido eicosapentaenóico ^ 20: 5ω3) e ácido araquidônico (20: 4ω6) com concentrações de 2,59 e 1,17%, respetivamente. O potencial anti-trombogénico e anti-aterogénico foi maior para a *Z. tournefortii* devido aos ácidos gordos relevantes na composição bioquímica desta macroalga. As classes lipídicas foram avaliadas no extrato lipídico e os lípidos neutros (LN) foram mais abundantes em *Asparagopsis taxiformis* (51,16%) e menos em *Z. tournefortii* (26,96%). Os glicolípidos (GL) situaram-se entre 36,03 e 16,11% em *Z. tournefortii* e *Ulva lactuca.* A fração de fosfolípidos (PL) variou de 35,91 e 31,60% em *A. taxiformis* e *Z. tournefortii*. O rastreio TLC identificou que *a U. lactuca* contém fitol e colesterol no seu NL, digalactosildiacilglicerol no seu GL e cardiolipina e L-a-phosphatidylcholine no seu PL. *A Zonaria tournefortii* contém fitol e colesterol nas suas classes NL e as classes PL contêm L-a-fosfatidil etanolamina e 1-(3-sn-fosfatidil)-rac-glicerol. A macroalga *A. taxiformis* revelou colesterol na sua fração NL e os mesmos fosfolípidos que a *Z. tournefortii* na sua fração PL. A análise ATRFTIR permitiu um espetro de impressão digital e foram identificadas bandas de absorção de sulfatação importantes, revelando os polissacáridos funcionais nestas macroalgas. *A* atividade anticolinesterásica foi avaliada em *A. taxiformis*, com um baixo IC50 para AChE (8,92 ± 0,43 μg mL^{-1}) e BuChE (13,96 ± 0,32 μg mL^{-1}), demonstrando atividade inibitória dupla, justificando o interesse em identificar o princípio ativo que pode ser o andaime de um novo medicamento

Ramola *et al.* (2019) trabalharam em métodos de rutura celular e extração de lípidos para macroalgas. Portanto, eles compararam vários métodos de extração de lipídios e a eficiência de extração de vários solventes para melhorar o rendimento de lipídios das macroalgas de água doce *Oedogonium*. A extração de lípidos foi efectuada por dois métodos, nomeadamente o método de Bligh e Dyer modificado e a extração por Soxhlet, utilizando solventes simples ou misturas. No método de extração de Soxhlet, foram utilizados cinco solventes: hexano, o solvente mais utilizado para a extração de lípidos, clorofórmio: metanol (2:1), clorofórmio: hexano (1:1), clorofórmio: hexano (1:2) e diclorometano + metanol (2:1). Para melhorar os rendimentos da extração de lípidos, foram também comparados vários métodos de rutura celular durante o presente estudo. Foram também detectadas impurezas de clorofila e proteínas nos lípidos extraídos. A liquefação hidrotérmica da biomassa de algas com TÌO2 foi também efectuada a 300°C. A HTL foi mais eficaz, obtendo-se 23,3% em peso de óleo bio-crude.

Rahbari *et al.* (2019) em seu trabalho de pesquisa sobre a liquefação hidrotérmica foi realizada em *Sargassum* sp. macroalgas em três condições de temperatura de 250, 300 e 350 ° C, com e sem o uso de NiFe2O4 como catalisador. O rendimento máximo de liquefação para os processos não catalítico e catalítico foi de 6,85% e 7,20%, que ocorreram a 300 e 350°C, respetivamente. O bio-óleo obtido tinha zero de enxofre e baixo teor de azoto (~ 4%) e oxigénio (~ 10%), o que implica que, em termos de saúde humana, o bio-óleo seria saudável com alguma melhoria. O bio-óleo era composto principalmente de ácido n-hexadecanóico (57,86%) seguido de ácido tetradecanóico (5,12%).

Balu *et al.* (2020) efectuaram uma investigação sobre óleos tóxicos não comestíveis de macroalgas marinhas da espécie *Caulerpa racemosa*, ricamente disponíveis na Índia e compostas por um elevado valor calorífico e um elevado teor de AGL, que foram selecionadas como matéria-prima para o fabrico de biodiesel. Inicialmente, procedeu-se à extração de óleo da biomassa de macroalgas com diferentes tipos de sistemas de solventes e etapas de extração. O óleo de algas foi extraído com um sistema de solventes constituído por 1% de éter dietílico e 10% de cloreto de metileno em n-hexano, utilizando a técnica de pré-tratamento ultrassónico. Os óleos de algas foram caracterizados por cromatografia gasosa-espetrometria de massa para análise da composição. O biodiesel foi produzido pelo método de transesterificação. O biodiesel produzido foi caracterizado e a conversão foi calculada por análise de espetroscopia de infravermelhos com transformada de Fourier (FTIR) e métodos de superfície de resposta. As propriedades do combustível do biodiesel obtido foram examinadas de acordo com as especificações dos métodos de ensaio padrão americanos, a fim de avaliar o potencial do biodiesel proposto como combustível alternativo. Assim, as macroalgas marinhas servem como potencial matéria-prima renovável para a produção de biodiesel.

Fernando *et al.* (2020) relataram que, o conteúdo lipídico e o perfil de ácidos gordos em quinze espécies de macroalgas típicas dos ambientes costeiros do norte da Patagónia, Argentina. O conteúdo total de lípidos variou entre 2 e 12% da biomassa seca, atingindo uma média de 7-12% em algumas espécies abundantes e globalmente distribuídas, tais como *Ulva* spp. O teor total de ácidos gordos não excedeu nem 3% da biomassa seca nem 30% dos lípidos totais em nenhuma das espécies estudadas. Os ácidos gordos polinsaturados (PUFAs) foram dominantes em todas as espécies castanhas em estudo, particularmente no esporófilo de *U. pinnatifida. O Ceramium virgatum* e *a Ulva* sp. (talo tubular enteromorfóide) são também ricos em AGPI. Os ácidos gordos essenciais (ácido linoleico e ácido α-linolénico) e outros valiosos AGPI de cadeia longa, como o ácido eicosapentaenóico, o ácido estearidónico e o ácido araquidónico, eram abundantes nestas espécies, atingindo o ácido araquidónico até 10 mg g^{-1} no esporofilo *de U. pinnatifida*. Em contrapartida, o ácido docosahexaenóico só foi registado em níveis vestigiais. No seu conjunto, os resultados do presente estudo permitem concluir que os elevados níveis de teor de lípidos são indicativos de potenciais aplicações de algumas das espécies mais abundantes nas costas *da Patagónia* como matéria-prima de biomassa para bioprodutos à base de lípidos. De acordo com esta conclusão, os ácidos eicosapentaenóico, estearidónico e araquidónico das espécies estudadas poderiam, em particular, ser utilizados para fins nutricionais e nutracêuticos.

3 FINALIDADES E OBJECTIVOS

O presente trabalho foi realizado com os seguintes objectivos

1. Recolher e identificar espécies de algas selecionadas.
2. Cultivar as espécies de algas selecionadas em condições *in vitro*.
3. Estimar a produção de petróleo em diferentes condições ambientais.
4. Avaliar o óleo, a biomassa e o glicerol das espécies de algas cultivadas.

4 MATERIAIS E MÉTODOS

Descrição da zona de estudo

A área de estudo situa-se na costa ocidental da Índia, no distrito de Uttar Kannada, em Karnataka. A costa de Karwar estende-se por uma distância de cerca de 30 km. A zona de estudo, ou seja, a costa de Majali, em Karwar, situa-se no sector norte do taluk de Karwar, no interior da grelha de 14° 53' 98" N e 74° 05' 71" E e 14° 54' 46" e 74° 05' 28" E (Fig. 4.1). A costa rochosa é ampla, com um declive suave, e alberga uma fauna (gastrópodes, mexilhões, ostras e caranguejos) e uma comunidade floral (algas) ricas.

Condições climáticas e hidrográficas

Uma vez que esta costa, localizada em Karwar, na costa centro-oeste da Índia, tem registado monções típicas do sudoeste (junho-setembro), com chuvas torrenciais (>3000 mm) e condições de baixa salinidade. A estação pré-monção (fevereiro-maio) começa com temperaturas extremas e perfil salino, ao passo que a pós-monção (outubro-janeiro) apresenta condições climáticas moderadas e a recolonização da maioria das comunidades faunísticas ocorre neste período. No que diz respeito às condições climáticas desta região, muitos parâmetros ambientais são influenciados, estabelecendo-se a gama de temperaturas atmosféricas de 28-36°C, registando o mínimo e o máximo em dezembro e março, respetivamente. A humidade relativa da atmosfera variou entre 70 e 90%.

As análises dos parâmetros físico-químicos, como a temperatura, a salinidade, o oxigénio dissolvido e o pH, foram medidas *in situ* com um medidor manual de DO (HACH). A temperatura da água variou entre 25 e 30°C, a salinidade variou entre 12,0 (agosto) e 36,0 psu (maio), enquanto que o oxigénio dissolvido variou entre 4,3 e 5,6 ml/l e o pH entre 6,7 e 8,5.

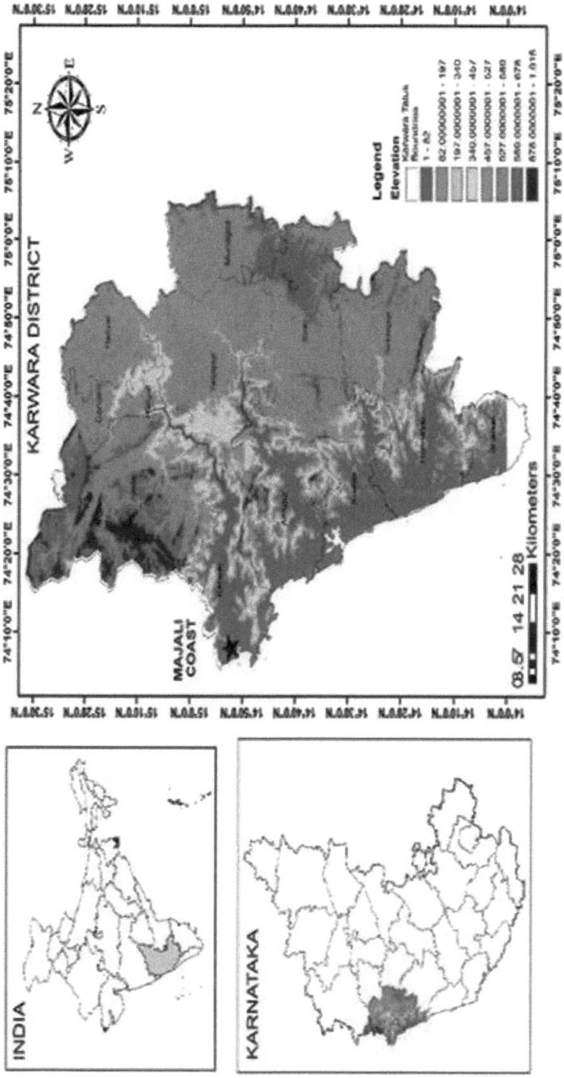

Fig. 4.1. Mapa de localização da área de estudo

Fig. 4.2. Recolha e identificação de espécies de algas selecionadas

A investigação foi iniciada com a recolha de amostras de algas em diferentes locais da região de Karwar. As amostras de algas foram recolhidas à mão e com uma rede de malha e colocadas num recipiente de plástico no local de amostragem e etiquetadas. As amostras de algas recolhidas foram identificadas com a ajuda de chaves taxonómicas fornecidas por Rao (1987), Desikachary *et al.* (1990, 1998) e Krishnamurthy (1999), bem como pela literatura e monografias padrão fornecidas por Smith (1950), Fritsch (1935) e a nomenclatura foi actualizada utilizando Appeltans *et al.* (2012). As amostras foram identificadas e cultivadas em condições laboratoriais.

Cultivo de algas marinhas

Preparação de meios de água do mar

O cultivo bem sucedido de qualquer alga marinha requer um fornecimento fiável de água do mar limpa. A água do mar natural foi preferida à água do mar artificial, porque a água do mar natural contém todos os componentes minerais essenciais (mais de 50 elementos conhecidos) nas proporções naturais, que podem ou não estar disponíveis na água do mar artificial. A salinidade do meio de água do mar foi ajustada entre 28 e 34 partes por mil (ppt) para evitar contaminantes orgânicos ou inorgânicos. Para evitar o escoamento terrestre ou a variação da salinidade, a recolha de água do mar natural foi efectuada durante períodos de tempo seco, de preferência durante a maré alta e a profundidades de aproximadamente 3 metros abaixo da superfície. A água do mar recolhida na costa de Majali, o armazenamento e a transferência da água podem ser efectuados em tanques de polietileno. Todos os recipientes novos devem ser lavados antes de serem utilizados, enchendo-os com água limpa (de preferência água destilada, mas pode ser utilizada água do mar limpa) e deixando-os repousar durante vários dias antes de os enxaguar para utilização. Todos os recipientes e tanques devem ser bem fechados para evitar a contaminação e mantidos num local fresco e escuro para evitar o crescimento de algas indesejáveis.

Inicialmente, a água do mar era filtrada através de um filtro grosseiro durante a recolha do mar, utilizando um filtro de areia e, em seguida, filtrada mais finamente a partir daí. A filtração mecânica inicial grosseira pode ser efectuada em filtros de saco de poliéster com poros de 20-35 microns. A filtragem posterior pode ser feita com filtros de água domésticos comuns, até 0,2 microns, bombeando a água através de uma série de filtros de vasilha de tamanho decrescente (10, 5, 1 μm). Foi utilizado um filtro de 0,45 μm para separar os compostos orgânicos dos inorgânicos dissolvidos e a filtragem da água até 0,2 mícrones removeria quase todos os possíveis contaminantes biológicos da água, embora os organismos possam passar se houver rasgões ou buracos nos filtros. Por esta razão, pode ser necessária uma esterilização adicional da água e uma inspeção periódica dos filtros para eliminar quaisquer contaminantes que possam ameaçar a cultura.

Composição da solução de reserva do meio de Walne (Walne, 1974)

FeCl3 6H2O - 1.30 g

MnCl2 4H2O - 0.36 g

H3BO3 - 33.60 g

EDTA (sal de Na) - 45.00 g

NaH2 PO4 2H2O - 20.00 g

Na NO3 - 100.00 g

Solução de metais vestigiais - 1,00 ml

Água destilada- 1000.00 ml

Adicionar 1 ml de caldo/litro de água do mar

Esterilização

Após a filtração, os meios de água do mar foram esterilizados, especialmente durante o início da cultura. Embora não seja necessário ter culturas axénicas (puras) para cultivar algas marinhas, as fases microscópica e juvenil são sensíveis à contaminação. Existe um grande número de microrganismos que podem alimentar-se, competir com as culturas de macroalgas ou fazer com que estas cresçam em excesso, incluindo outras algas, fungos, bactérias, cianobactérias e micro zooplâncton (principalmente protozoários). Os protozoários podem constituir um problema especialmente para as fases microscópicas das algas e outras algas marinhas, se estiverem presentes em concentrações elevadas.

A única forma de garantir completamente a esterilidade da água do mar é através de tratamento térmico. Existem alguns métodos diferentes disponíveis para esterilizar meios de água do mar e o método mais eficaz de esterilização da água do mar é a autoclavagem, que garante a esterilidade através de um tratamento que aplica calor e pressão extremos à água do mar. Por conseguinte, preferimos a autoclavagem.

Mudar regularmente os meios de cultura de água do mar durante o período de cultura, a fim de fornecer nutrientes suficientes às plantas em crescimento. Trata-se de uma operação simples que envolve a mudança das plantas de um recipiente de cultura para um novo, com meios de água do mar frescos, tendo o cuidado de assegurar que a nova água de cultura se encontra à mesma temperatura que a antiga, para evitar o stress das algas. Isto deve ser feito num ambiente limpo, utilizando pinças e luvas esterilizadas, evitando qualquer possibilidade de contaminação através de correntes de ar ou contacto. As mudanças de cultura são normalmente efectuadas de três em três dias.

Cultura de algas marinhas

Os adultos vegetativos *de Ulva lactuca* Linn. e *Chaetomorpha antennina* Bory. de 50-60 mm de comprimento foram recolhidos na zona intertidal baixa após uma maré de primavera. As frondes foram colocadas num saco de plástico e transportadas para o laboratório do Marine Biology Institute, Karwar, no prazo de uma hora. Em seguida, as frondes foram lavadas suavemente em água do mar esterilizada (filtrada com um mícron) para remover quaisquer sedimentos, epífitas ou pequenos herbívoros. Os dois talos foram colocados em frascos cónicos de 500 ml (um talo por frasco) e arejados continuamente em todas as experiências.

Isolamento de gâmetas mutantes estéreis de *Ulva lactuca* e *Chaetomorpha antennina*

Os gâmetas foram obtidos através da indução da reprodução de discos de *U. lactuca* e *C. antennina*. Os talos de ambas as espécies foram perfurados em discos de 2,5 mm com um perfurador de metal. Cem discos de ambas as espécies foram lavados com água do mar autoclavada e transferidos para um frasco contendo 500 ml de água do mar autoclavada. O frasco foi colocado a 4°C durante seis horas e depois transferido para uma incubadora a 30°C com 180 μmol fotões m^{-2} s^{-1} de intensidade de luz e um ciclo de 12:12 de L:D. Os gâmetas foram libertados três dias mais tarde e recolhidos por pipeta utilizando a sua resposta fototáctica. Os gâmetas foram concentrados por centrifugação (800 *g*, cinco minutos) e depois colocados em placas de Petri (85 mm de diâmetro) com o número final de 2 x 10^7 por placa de Petri.

Penicilina G (concentração final de 1000 mg L^{-1}) e sulfato de estreptomicina (concentração final de 250 mg L^{-1}) foram adicionados aos meios para minimizar o crescimento bacteriano. Seis placas de Petri foram expostas a lâmpadas UV (40 W, 254 nm) durante 18, 36, 54, 72, 90 e 108 s (uma placa para cada tratamento), para experimentar diferentes doses de UV. Estas doses de UV foram escolhidas porque nenhum gâmeta sobreviveu quando foi exposto a lâmpadas UV durante mais de 120 s numa experiência preliminar. Depois disso, as placas de Petri foram colocadas no escuro durante 24 horas para permitir que os gâmetas assentassem. Em seguida, as placas de Petri foram incubadas nas condições descritas acima. Os germes (102, 456 indivíduos) de seis placas de Petri foram retirados das placas e transferidos para tanques (13 L) quando atingiram o comprimento de 1 cm. Os talos que apresentavam caraterísticas reprodutivas foram retirados e os que mantiveram o estado vegetativo foram mantidos e continuaram a crescer. Este processo de seleção continuou durante quatro meses. Os talos que não demonstraram quaisquer tendências reprodutivas foram identificados como estéreis.

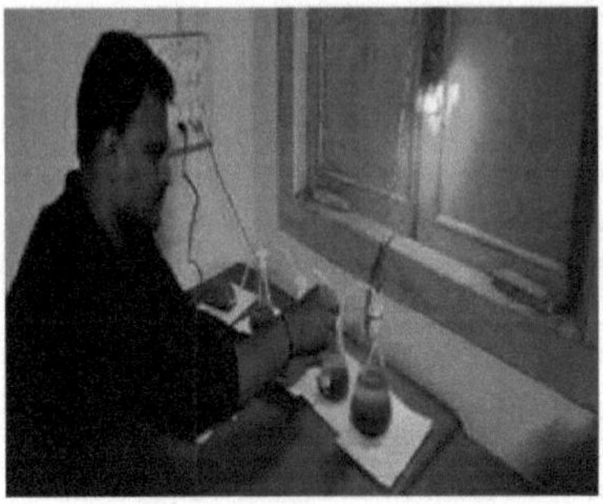

Fig. 4.3. Início da cultura Fig. 4.4. Período de incubação

Fig. 4.5. Cultura sob luz vermelha

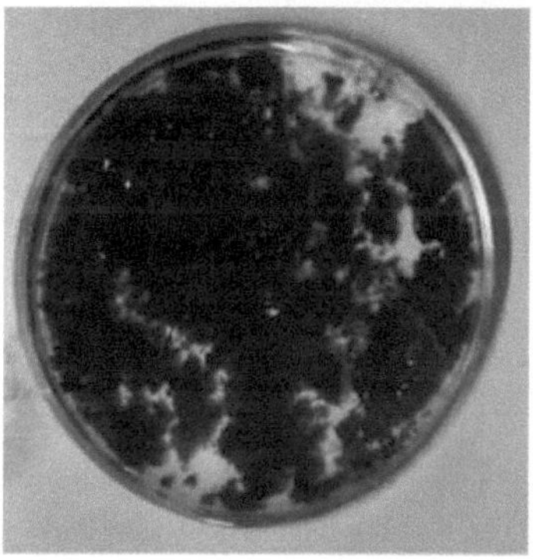

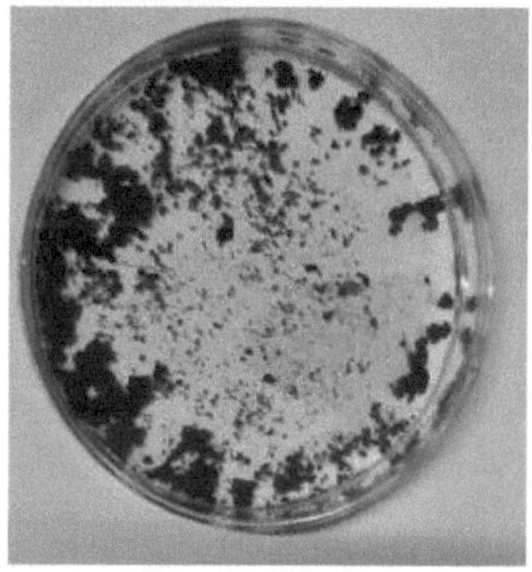

Fig. 4.6. Gametas de *Ulva lactuca* Linn. Fig. 4.7. Gametas de *Chaetomorpha antennina* Bory.

Fig. 4.8. Cultura de ervas marinhas sob luz azul num tanque de 10 litros

Medição do crescimento

Cerca de 10 g de talos estéreis de ambas as algas (um talo por frasco cónico de 500 ml) foram cultivados em água do mar autoclavada e transferidos para um aquário de 10 litros de água do mar autoclavada. As condições de cultura foram 32 partes por trilião (ppt) de água do mar natural filtrada com o meio de bem-estar constituído por 0,075 $g.L^{-1}$ NaNO3 e 0,005 $g.L^{-1}$

$NaH_2PO_4.H_2O$, pH 7,5 com temperatura entre 28 e 32°C.

Todos os sistemas de cultura foram repetidos três vezes para cada espécie. O meio foi mudado todos os dias, enquanto os pesos das algas foram registados e as taxas de crescimento foram analisadas durante 14 dias. As taxas de crescimento das macroalgas foram determinadas como os valores médios das replicações em triplicado. O cálculo da taxa de crescimento foi baseado em Lobban *et al.* (1987). Após 2 semanas de cultura, todas as macroalgas foram recolhidas e lavadas em água doce para remover o sal, os contaminantes e as epífitas. As macroalgas foram secas durante 48 h a 60°C e armazenadas.

Estimar a produção de petróleo em diferentes condições ambientais

Para investigar o efeito dos factores ambientais nas amostras de algas selecionadas, o crescimento das algas depende principalmente da temperatura, do nível de pH, da luz e do arejamento. Estes factores têm sempre influência na produção interna de biomassa para biocombustível.

Temperatura

O efeito da temperatura no crescimento das algas foi determinado utilizando um medidor de temperatura digital; as unidades são expressas em graus Celsius (°C) e preferiu-se cultivar as algas à temperatura óptima.

pH

A estirpe de algas selecionada foi transferida para cada garrafa de plástico estéril (500 ml) com meio e o pH diferente foi ajustado pela adição de uma pequena quantidade de NaOH ou HCl. O pH foi determinado utilizando o medidor de pH digital HM pH-80.

Iluminação

As algas podem crescer sob várias fontes, incluindo a luz natural e a luz artificial (luz vermelha e luz azul). A lâmpada LED de 15W (B-22D) em forma de T, com 22 cm de comprimento, foi utilizada como fonte de luz e foi fixada a 20 polegadas (55 cm) acima dos recipientes, as dimensões de cada recipiente eram 20 cm (comprimento) x 15 cm (largura) x 10 cm (profundidade). Para a luz vermelha e azul, foram utilizados papéis coloridos.

Aeração

Para evitar a estratificação térmica e melhorar o processo de troca de gases entre o meio de cultura e o ar, é efectuado um arejamento adequado utilizando a bomba de aquário AP-608 BUBO.

Salinidade

A salinidade refere-se principalmente à concentração de cloreto de sódio, exceto quando especificado de outra forma. É outro fator importante que regula a composição bioquímica das células das algas e foi ajustado através da adição de NaCl2 ao meio.

Avaliação do óleo, biomassa e glicerol das espécies de algas cultivadas Colheita

As amostras de algas foram colhidas após 14 dias de crescimento a 25-35°C. Para colher a massa seca de algas, as culturas foram filtradas com papel de filtro Whatman n.º 41 e a biomassa de algas foi seca em condições laboratoriais em estufa de ar quente durante 24 horas a 80°C (Bagchi *et al.,* 2015) e também foram secas sob radiação solar a 25-28°C durante 4 dias. A radiação solar fornece energia para vaporizar a água. Para uma dada quantidade de radiação solar recebida, à medida que a temperatura do ar aumenta, mais dessa radiação vai para a vaporização da água.

Extração de óleo

Fig. 4.9. Aparelho de Soxhlet Fig. 4.10. Evaporador rotativo

O óleo de algas foi extraído de amostras secas das duas macroalgas marinhas verdes. A extração de lípidos da biomassa de algas e a sua transesterificação para produzir biodiesel seguiu de perto o procedimento de Vicente *et al.* (2004), Demirbas (2009) e Raghuveer *et al.* (2015). Um pó de algas de 200 g, de cada espécie em triplicado, foi pesado num balão cónico de 500 ml e misturado com 200 ml de hexano e 100 ml de solução de éter dietílico. A mistura foi agitada durante 24 horas num agitador magnético, numa hotte de exaustão. A mistura foi filtrada utilizando um papel de filtro Whatman para um balão de fundo redondo e os solventes foram evaporados utilizando um evaporador rotativo Cole-Palmer.

A transesterificação foi obtida por catálise básica seguindo o procedimento de Demirbas (2009) e Raghuveer *et al.* (2015). Um grama de hidróxido de sódio (NaOH) foi misturado com 30 ml de metanol. Esta mistura foi então adicionada ao extrato de algas e agitada durante 24 h num agitador magnético. A mistura foi transferida para uma ampola de decantação e as camadas imiscíveis foram deixadas em repouso durante 24 h. A mistura separou-se em duas camadas: a orgânica e a aquosa. O sedimento (glicerol e pigmentos de algas) foi recuperado separadamente de acordo com Sharif *et al.* (2008).

A camada orgânica foi lavada com água para a purificar e foi subsequentemente seca com sulfato de sódio (Na_2SO_4) e sulfato de magnésio anidro ($MgSO_4$) para remover o máximo de água possível. A camada orgânica (biodiesel) foi transferida para um balão de fundo redondo e os solventes foram evaporados num evaporador rotativo Cole-Palmer. A quantidade de biodiesel produzida foi pesada e o pH foi determinado.

Produção de glicerol

O glicerol foi um subproduto da produção de biodiesel e tem muitas aplicações nas indústrias alimentar, farmacêutica e cosmética. A mesma reação de transesterificação que a descrita acima na produção de biodiesel produziu glicerol.

Ensaio de confirmação para biodiesel

O biodiesel obtido a partir dos lípidos de algas foi analisado quanto à sua pureza utilizando vários testes de confirmação (Biodiesel Quality, 2010; Tekade *et al.*, 2012), como a conclusão da reação, emulsificação, clareza e pH.

Análise GC-MS de amostras de algas

A composição em ácidos gordos dos ésteres metílicos de ácidos gordos de algas foi determinada por análise GC-MS utilizando a unidade GC-CLARUS 680. A temperatura do forno foi programada para 250°C. A análise GC-MS foi utilizada para detetar os tipos de ácidos gordos presentes nas espécies de algas selecionadas.

5 RESULTADOS E DISCUSSÃO

A investigação foi realizada com os objectivos de recolher e identificar espécies de algas selecionadas, cultivar as espécies de algas selecionadas em condições *in vitro*, estimar a produção de óleo em diferentes condições ambientais e avaliar o óleo, a biomassa e o glicerol das espécies de algas cultivadas. Os resultados obtidos são os seguintes:

1. Recolher e identificar espécies de algas selecionadas

As algas foram recolhidas nas praias de Majali e Tilumati na região de Karwar. Os resultados da identificação das amostras indicam que foram observadas 15 espécies na amostra recolhida, pertencentes às classes Chlorophyceae (05), Rhodophyceae (05) e Pheophyceae (05).

A identificação das macroalgas foi feita no Instituto de Biologia Marinha, Karwar, e no Departamento de Botânica e Tecnologia de Sementes, Faculdade de Ciências de Sahyadri, Universidade de Kuvempu, Shivamogga, através da análise morfológica de amostras de algas com a ajuda de chaves taxonómicas fornecidas por Rao (1987), Desikachary *et al.* (1990, 1998) e Krishnamurthy (1999), algaebase.org. e também literatura padrão e monografias fornecidas por Smith (1950), Fritsch (1935) e a nomenclatura foi actualizada utilizando Appeltans *et al.* (2012).

Uma vez identificadas as algas, estas foram cultivadas em meios artificiais de água do mar (meios de Walne), que favorecem o crescimento das algas.

Tabela 5.1. Espécies de algas identificadas durante o estudo

N.º de Sl.	Nome da alga
	Família Chlorophyceae
1	*Ulva lactuca* Linn.
2	*Ulva fasciata* Delile.
3	*Chaetomorpha antennina* Kutzing.
4	*Caulerpa taxifolia* C. Agardh.
5	*Caulerpa racemosa* J. Agardh.
	Família Rhodophyceae
1	*Porphyra vietnamensis* T.Tanka & Pham - Hoang Ho.
2	*Gracillaria corticata* J. Agardh.
3	*Hypnea musciformis* Lamouroux.
4	*Ceramium cruciatum* Collins e Harvey
5	*Gracillaria dura* J. Agardh.
	Família Pheophyceae
1	*Sargassum cinereum* J. Agardh.
2	*Dictyota dichotoma* Lamouroux.
3	*Dictyota bartayresiana* Lamouroux.
4	*Padina tetrastromatica* Hauck.
5	*Spataglossum asperum* J. Agardh.

Ulva lactuca Ulva fasciata
Chaetomorpha antennina Caulerpa taxifolia
Caulerpa racemosa Porphyra vietnamensis
Gracillaria corticata Porphyra vietnamensis
Fig. 5.1. Espécies de algas

Ceramium cruciatum Gracillaria dura
Sargassum cinereum Dictyota dichotoma
Dictyota bartayresiana Padina tetrastromatica
Spataglossum asperum
Fig. 5.2. Espécies de algas

***Ulva lactuca* Linnaeus.**

Classe : Chlorophyceae
Encomenda : Ulvales
Família : Ulvaceae
Género: *Ulva*
Espécies : *U. lactuca*

A Ulva lactuca encontra-se em habitats subtidais e intertidais, tanto em costas rochosas como em baías abrigadas. O talo foi fixado ao substrato rochoso com a ajuda de um suporte, que dá vários crescimentos rizoidais a partir da superfície inferior da célula. O talo é foliáceo de cor verde brilhante ou verde-claro ou verde-amarelado e é delicado, com grandes bainhas expandidas, mede cerca de 20 cm de comprimento com margens onduladas e dobradas. Em secção transversal, as células aparecem sob a forma de células isodiamétricas ou verticalmente alongadas, com a ajuda de uma matriz gelatinosa. Cada célula contém um único cloroplasto em forma de taça com um único pirenoide e unnucleado.

***Ulva fasciata* Delile**

Classe : Chlorophyceae
Encomenda : Ulvales
Família : Ulvaceae
Género: *Ulva*
Espécies : *U. fasciata*

A *Ulva fasciata* encontra-se agarrada às rochas com a ajuda de células basais na zona intertidal, estuários e mangais de regiões tropicais e subtropicais. O talo mede cerca de 1-50 cm. de comprimento. De cor verde clara com margens onduladas, nas localidades abrigadas as frondes são mais curtas. *A Ulva* é irregularmente lobada ou dividida pinnadamente em lóbulos lineares. O talo está ligado ao substrato por fixação com crescimento rizoidal. A parte inferior do talo é estreita e a parte superior é expandida e irregularmente lobada ou ondulada. A margem apresenta-se sob a forma de rufo.

***Chaetomorpha antennina* (Bory)**

Classe : Chlorophyceae
Encomenda : Cladophorales
Família : Cladophoraeeae
Género: *Chaetomorpha*
Espécies : *C. antennina*

Talo filamentoso, rígido, caespitoso, gregário, formando tufos densos em forma de pincel, com 1,2-4 (-12) cm de comprimento, verde-escuro a verde-azulado, filamentos rectos, com 420-730-(900) mm de diâmetro perto das pontas, diminuindo para 200 mm de diâmetro perto da porção basal e 70 mm de diâmetro perto da parte rizoidal, células cilíndricas, com 2-4 diâmetros de comprimento. Paredes celulares espessas, estriadas (especialmente na célula basal), acinzentadas ou acastanhadas claras, ligeiramente contraídas nas septações. Célula basal alongada até 4,5-12 mm de comprimento, com constrições anulares perto da base. Rizóides finos, ramificados, com 25-30 mm de diâmetro e 175-1000 mm de comprimento. Cresce em substrato rochoso (frequentemente em fendas e buracos) na zona intertidal superior a inferior exposta a uma ação moderada e forte das ondas.

Caulerpa racemosa

Classe : Chlorophyceae
Encomenda : Caulerpales
Família : Caulerpaceae
Género: *Caulerpa*
Espécies : *C. racemosa*

Esta alga distribui-se na zona intertidal. O corpo da planta fixa-se ao substrato com a ajuda de estolhos grosseiros e ramificados, tornando-se muito densamente emaranhados em colónias antigas. Na superfície superior dos estolhos encontram-se ramos rizóides descendentes robustos e ramos foliares erectos e apinhados, e os ramos esféricos com pedúnculos são assimiladores. Cada ramo aéreo tem a forma de um cacho de uvas. Os assimiladores das plantas maduras têm 1-5 pares de vesículas piriformes.

O estolho é muito ramificado, o estolho ramificado é densamente emaranhado em colónias velhas. Os rizóides têm ramos. Os ramos foliares erectos estão amontoados no estolho. Os ramos foliares têm ramificações esféricas e pedunculadas, estas ramificações têm a forma de cachos de uvas.

***Caulerpa taxifolia* (Vahl) C. Agardh**

Classe : Chlorophyceae
Encomenda : Caulerpales
Família : Caulerpaceae
Género: *Caulerpa*
Espécies : *C. taxifolia*

Esta alga distribui-se na zona intertidal. O corpo da planta está ligado ao substrato com a ajuda de rizóides. Os estolhos espalham-se irregularmente no substrato rochoso. Os estolhos libertam rizóides em direção ao substrato e ramos foliares acima. Os ramos erectos estão muito próximos uns dos outros. Cada ramo tem um pino. Estes pínulas são opostos uns aos outros. Os pínulos são fortemente comprimidos e contraídos na base, afinando em direção à ponta e mucronados, os pínulos estão estreitamente dispostos.

***Dictyota bartayresiana* Lamouroux**

Classe : Phaeophyceae
Encomendar: Dictiotales
Família : Dictyotacea
Género : *Dictyota*
Espécies : *D. bartayresiana*

É uma alga castanha e o talo fixa-se ao substrato com rizóides de forma irregular. A planta é dicotomicamente ramificada. A superfície é áspera ao tato. As pontas são bifurcadas e pontiagudas. Cada ramo não tem nervura central.

***Dictyota dichotoma* (Hudson) Lamouroux**

Classe : Phaeophyceae
Encomendar: Dictiotales
Família : Dictyotaceae
Género : *Dictyota*
Espécies : *D. dichotoma*

Trata-se de uma alga castanha e o talo está ligado ao substrato com a ajuda de um suporte duro. A planta é dicotomicamente ramificada, a ponta termina com uma estrutura em forma de "V" e apresenta um ângulo agudo (15-45°). Em Karwar, encontra-se em abundância em Tilmaathi, na costa de Sankrubag e nas ilhas Devgad e Kurmagad.

***Padina tetrastromatica* Hauck.**

Classe : Phaeophyceae
Encomendar: Dictiotales
Família : Dictyotaceae
Género : *Padina*
Espécies : *P. tetrastromatica*

Trata-se de uma alga castanha cujo talo se fixa ao substrato com a ajuda de uma estrutura rígida. O talo divide-se longitudinalmente para formar vários pequenos lóbulos chamados frondes. As linhas escuras são claramente visíveis sob a forma de zonas concêntricas nas lâminas do talo.

***Spatoglossum asperum* J. Agardh, 1894**

Classe : Phaeophyceae
Encomenda : Dictiotales
Família : Dictyotaceae
Género: *Espatoglossoma*
Espécies : *S. asperum*

O talo está ligado ao substrato com a ajuda de um suporte e é plano, palmado e dividido dicotomicamente em lóbulos maiores e mais pequenos. A planta inteira apresenta-se sob a forma de segmentos em forma de fita, é ligeiramente calcificada e de cor castanha escura. A margem do talo apresenta crescimentos exteriores maiores e mais pequenos, semelhantes a dedos.

***Sargassum cinereum* (J.Agardh)**

Classe : Phaeophyceae
Encomenda : Fucales
Família : Sargassaceae
Género: *Sargassum*
Espécies : *S. cinereum*

É uma alga castanha, o eixo principal da planta é curto e robusto. As folhas são oblongas com o ápice arredondado, com margens dentadas. As folhas que estão presentes nos ramos são lanceoladas. As vesículas são obovadas ou arredondadas com o ápice mucronado.

***Porphyra vietnamensis* T. Tanaka & Pham-Hoang Ho**

Classe : Rhodophyceae
Encomenda : Bangiales
Família : Bangiaceae
Género: *Porphyra*
Espécies : *P. vietnamensis*

O talo é membranoso, de cor púrpura ou púrpura rosada, sendo comum encontrar-se em rochas graníticas. O talo fixa-se às rochas com a ajuda de rizóides. Várias lâminas desenvolvem-se a partir da base do talo, o talo é delicado e transparente. Este talo encontra-se nas rochas intertidais superiores da costa de Karwar e também na zona costeira de Honnavar e Bhatkal.

***Gracilaria corticata* (J. Agardh) J. Agardh**

Classe : Rhodophyceae
Encomenda : Gracilariales
Família : Gracilariaceae
Género: *Gracilaria*
Espécies : *G. corticata*

Esta alga distribui-se na zona intertidal. *A Gracilaria corticata* está agarrada às rochas com a ajuda de um suporte. As plantas são carnudas e delgadas e apresentam uma ramificação dicotómica. A planta mede cerca de 10-15 cm de altura. O talo é constituído por muitas lâminas achatadas e muito divididas. Nos talos mais velhos, estão presentes numerosas projecções na margem dos segmentos de tipo pinado. A cor do talo varia do púrpura profundo ao verde relva.

***Gracilaria foliifera* (Forsskal) Borgesen**

Classe : Rhodophyceae
Encomenda : Gracilariales
Família : Gracilariaceae
Género: *Gracilaria*
Espécies : *G. foliifera*

O talo é arbustivo e profusamente ramificado, a ponta do talo termina com um ramo bifurcado. Os ramos são delicados e lisos. Apresenta uma cor púrpura sombria ou púrpura desvanecida. O talo mede cerca de 10-30 cm de altura e fixa-se ao substrato rochoso com a ajuda de uma estrutura semelhante a um grampo. Esta espécie encontra-se na costa de Karwar, sendo o talo abundante em lagoas pouco profundas.

***Hypnea musciformis* (Wulfen) Lamouroux**

Classe : Rhodophyceae
Encomenda : Gracilariales
Família : Gracilariaceae
Género: *Hypnea*
Espécies : *H. musciformis*

Trata-se de uma alga vermelha, cuja planta se encontra ligada ao substrato por um pequeno parafuso discoidal. O talo é cartilaginoso, de cor avermelhada a púrpura e é ereto. O talo está sempre coberto de material calcário. Esta alga distribui-se na zona intertidal e é muito comum em mares de águas quentes, crescendo em rochas, corais mortos e diques de zonas pouco profundas e abrigadas. O talo é carnudo, mede cerca de 8-10 cm de comprimento e a cor do talo é esverdeada a palha quando está fresco e torna-se castanho quando está seco. Os ramos desenvolvem-se irregularmente de todos os lados do corpo, os ramos são semelhantes a esporas. A planta apresenta-se em forma de pirâmide.

***Ceramium cruciatum* Collins & Hervey**

Classe	: Rhodophyceae
Encomendar	: Ceramiales
Família	: Ceramiaceae
Género	: *Cerâmica*
Espécies	: *C. cruciatum*

Trata-se de uma alga vermelha ligada ao substrato através de uma estrutura do tipo rizoidal. O talo é vermelho ou verde-amarelado ou castanho-avermelhado. O corpo da planta é filamentoso, uniaxial, multicelular e ricamente ramificado, apresentando bandas distintas. O aspeto em faixas do filamento principal deve-se ao invólucro de células corticais cortadas pelas células axiais. As células corticais são produzidas de forma descontínua. Isto resulta numa alternância de regiões corticadas e não corticadas. Os espermatângios (anterídios) estão presentes em grupos na parte superior dos ramos laterais. O carpogónio nasce na ponta dos ramos laterais curtos.

2. Cultivar as espécies de algas selecionadas em condições *in vitro*

O objetivo deste estudo é investigar o potencial de cultivo de duas espécies de macroalgas verdes obtidas localmente e converter a biomassa em biocombustível e outros produtos. Foram efectuados muitos estudos sobre o cultivo de algas e a sua conversão em bioenergia, mas a maioria deles centrou-se em espécies específicas de algas devido às suas propriedades particulares. Algumas espécies de algas têm caraterísticas que as tornam particularmente benéficas para o cultivo e transformação em bioenergia, por exemplo, uma elevada taxa de crescimento ou uma elevada fração de óleo. O cultivo de espécies específicas de algas em ambiente controlado é relativamente simples, no entanto, quando cultivadas em ambiente aberto, ocorre frequentemente a contaminação por outras espécies. O cultivo de algas em grande escala prefere a utilização de tanques de rega devido à facilidade e ao menor consumo de energia. No entanto, os tanques são geralmente abertos ao ambiente, o que significa que as espécies localizadas têm maior probabilidade de dominar. Por esta razão, o desenvolvimento de espécies locais é potencialmente mais benéfico do que a tentativa de cultivar espécies específicas. Em vez de examinar o cultivo e o processamento de espécies selecionadas, este estudo testa espécies locais de algas quanto à sua capacidade de serem cultivadas em recipientes abertos e convertidas em biocombustível. Para o cultivo, selecionámos dois membros da Chlorophyceae, *Ulva lactuca,* Linn e *Chaetomarpha antennina* (Bory).

A análise da taxa de crescimento das macroalgas foi avaliada em meios artificiais de água do mar. A taxa de crescimento das macroalgas *Ulva lactuca,* Linn. e *Chaetomarpha antennina* (Bory). em meios de cultura foi determinada através da pesagem do peso seco da biomassa de algas. A produtividade da biomassa de *Ulva lactuca* Linn. foi tabulada na Tabela 5.2.

Tabela 5.2. Produtividade da biomassa da alga *Ulva lactuca* (Linn.) em meio de Walne

N.º de dias	*Ulva lactuca* (Linn.)	
	Selvagem	**Estéril**
3	10±0.03	22±0.03
6	21±0.02	27.35±0.02
9	25±0.11	27±0.11
12	8±0.03	18±0.03
15	5±0.03	16±0.03

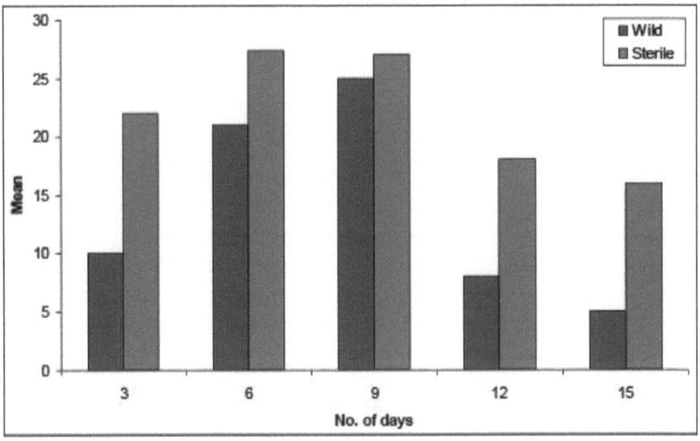

Fig. 5.3. Produtividade de biomassa de algas em meio de Walne de *Ulva lactuca* (Linn.).

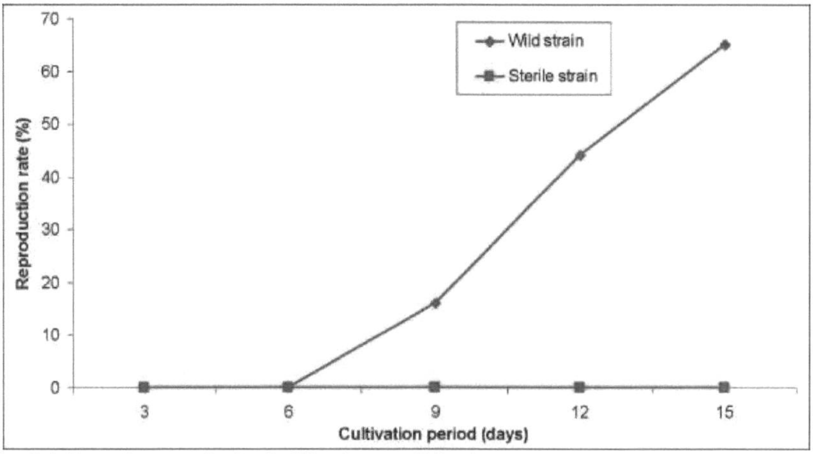

Fig. 5.4. Taxa de reprodução de *Ulva lactuca* (Linn.)

Os resultados foram expressos como médias de réplicas ± desvio padrão. Os dados foram analisados utilizando o software SPSS v.21.

As taxas de crescimento específico da estirpe selvagem *Ulva lactuca* em todos os tempos de cultura obedeceram a uma distribuição normal (Shapiro-Wilk, $P > 0,05$) e as variâncias das seis amostras puderam ser consideradas iguais (teste de Levene, $F = 0,743$, $P > 0,05$). Foi efectuada uma ANOVA unidirecional para avaliar os efeitos do tempo de cultura no crescimento da estirpe selvagem *U. lactuca*. O teste de Tukey HSD foi realizado para investigação post hoc. As taxas de crescimento específicas da estirpe estéril de *U. lactuca* em todos os tempos de cultura obedeceram a uma distribuição normal (Shapiro-Wilk, $P > 0,05$) e as variâncias das três amostras puderam ser consideradas iguais (teste de Levene, $F = 2,257$,$P > 0,05$). Foi efectuada uma ANOVA unidirecional para avaliar os efeitos do tempo de cultura na taxa de crescimento específico da estirpe estéril. O teste de Tukey HSD foi efectuado para investigação post hoc. A taxa média de crescimento específico das estirpes selvagem e estéril durante os primeiros 14 dias de cultura obedeceu a uma distribuição normal (Shapiro-Wilk, $P > 0,05$). As variâncias das duas amostras podem ser consideradas iguais (teste de Levene, $F = 2,208$, $P > 0,05$). Por conseguinte, foi efectuado um teste t, assumindo variâncias iguais, para comparar os dados relativos à taxa de crescimento específico médio das estirpes selvagens e estéreis durante os primeiros 14 dias de cultura.

As taxas de reprodução da estirpe selvagem *U. lactuca* em todos os tempos de cultura obedeceram a uma distribuição normal (Shapiro-Wilk, $P > 0,05$) e as variâncias das seis amostras puderam ser consideradas iguais (teste de Levene, $F = 3,300$, $P > 0,05$). Foi efectuada uma ANOVA unidirecional para avaliar os efeitos do tempo de cultura na taxa de reprodução da estirpe selvagem. Foi efectuado um teste de Tukey HSD para a investigação *post hoc.*

As taxas de crescimento específico das estirpes selvagem e estéril *de U. lactuca* foram registadas a cada três dias (Fig. 5.3). A ANOVA mostrou que as taxas de crescimento específico da estirpe selvagem eram significativamente diferentes entre os tempos de cultura ($F = 229,310$, $df = 5, 24$, $P < 0,001$). Durante os primeiros três dias, a taxa de crescimento específico atingiu 22,8 ± 1,7%, mas diminuiu para perto de zero no dia 14 (Tukey HSD, $P < 0,001$; Fig. 5.3). A partir do 14º dia, a perda de massa ultrapassou o crescimento e a taxa de crescimento específico caiu para 5,1 ± 2,4% durante os últimos três dias (Fig. 5.3). A ANOVA mostrou que as taxas de crescimento específico da estirpe estéril eram significativamente diferentes entre os tempos de cultura ($F = 11{,}009$, $df = 8$, $P < 0{,}001$). Em contraste com a estirpe selvagem, a estirpe estéril manteve uma taxa de crescimento específico positiva ao longo da cultura de 14 dias, embora a uma taxa reduzida com o tempo (Tukey HSD, $P < 0{,}01$), com a taxa de crescimento específico nos últimos três dias ainda relativamente elevada (11,4 ± 2,3%) (Fig. 5.3). Registaram-se diferenças significativas na taxa média de crescimento específico entre as estirpes selvagens e estéreis durante os primeiros 14 dias de cultura (Fig. 5.3). A taxa média de crescimento específico da estirpe estéril foi cinco vezes mais rápida do que a da estirpe selvagem (teste t de amostras independentes, $t = -48{,}173$, $df = 6$, $P < 0{,}001$).

A ANOVA mostrou que as taxas de reprodução da estirpe selvagem eram significativamente diferentes entre os tempos de cultura ($F = 251{,}289$, $df = 5$, $P < 0{,}001$). A estirpe selvagem não se reproduziu durante os primeiros seis dias e 19,7 ± 2,3% dos talos tornaram-se férteis no nono dia (Fig. 5.4). Em seguida, a taxa de reprodução aumentou com o tempo (Tukey HSD, $P < 0{,}001$) e atingiu 84,7 ± 6,2% no dia 14. Em contrapartida, todos os discos estéreis permaneceram em estado vegetativo durante os 14 dias de cultivo. Os discos de talos estéreis não sofreram perda de biomassa devido à libertação do swarmer; as frondes resultantes foram capazes de atingir um tamanho considerável, com mais de 50 cm de comprimento (Fig. 5.4), o que não se verificou na estirpe selvagem durante a cultura em laboratório.

A estirpe estéril de *U. lactuca* apresentou um peso máximo de biomassa seca para a estirpe de Walne

(27,12 g). A taxa de crescimento notável foi observada no meio de Walne, a fase de atraso nos primeiros 3 dias, a fase de crescimento exponencial foi observada no 6° dia e a fase estacionária foi observada no 9° dia. A produtividade da biomassa de *U. lactuca* no meio de Walne foi de 6,047 gl^{-1} d^{-1} e o lípido extraído da biomassa foi de 4,8714 gl^{-1} d^{-1}, tendo sido obtido um teor de lípido de 10,85%. No presente estudo, o crescimento da estirpe selvagem diminuiu com o tempo, o que foi consistente com outros estudos publicados, tanto em culturas de interior como de exterior. Por exemplo, a taxa de crescimento específico de *U. lactuca* diminuiu de 16,4% no dia cinco para quase zero no dia 10 numa experiência de laboratório (Ale *et al.*, 2011) e o rendimento de biomassa de *U. lactuca* diminuiu de 70 g de sólidos totais m^{-2} dia^{-1} para quase zero no cultivo em tanque ao ar livre (Bruhn *et al.*, 2011). A razão para a diminuição do crescimento pode ser devida a uma mudança para a reprodução, que impõe efeitos negativos sobre o crescimento. A reprodução põe efetivamente termo ao crescimento da *Ulva* e conduz a uma desintegração pronunciada de parte ou da totalidade dos talos. A taxa de reprodução da estirpe selvagem aumentou com o tempo no presente estudo, o que poderia explicar a diminuição do crescimento com o tempo. A queda da produção de biomassa em *U. lactuca* foi também o resultado de eventos de esporulação no cultivo ao ar livre (Bruhn *et al.*, 2011). A taxa de crescimento específico foi superior a 65% dia-1 entre sete e 14 dias de cultivo ao ar livre e o rendimento máximo de biomassa de 23,0 ± 8,8 g de massa seca m^{-1} foi alcançado após 13 dias de cultivo (Carl *et al.*, 2014a).

Uma taxa de crescimento elevada a longo prazo é geralmente desejada em aquacultura. A taxa de crescimento específico da *Ulva* estéril durante 14 dias de cultivo foi de 27,0 ± 1,6%, cinco vezes mais rápida do que a da estirpe selvagem. A taxa de crescimento ao longo de 14 dias de cultivo foi de 17,4 ± 0,3%, enquanto foi inferior a 10% em 10 dias de cultura de laboratório de *U. lactuca* (Ale *et al.*, 2011) e 10,5% em 42 dias de cultura ao ar livre de *U. lactuca*

(Bruhn *et al.*, 2011).

Estudos de crescimento de *Chaetomarpha antennina* (Bory.)

Tabela 5.3. Produtividade da biomassa da alga *Chaetomarpha antennina* (Bory.) para Meios de comunicação do Walne

N.º de dias	*Chaetomarpha antennina* (Bory)	
	Selvagem	Estéril
3	10±0.03	20±0.28
6	20±0.02	25±0.03
9	23±0.11	25±0.03
12	7±0.03	17±0.05
15	4±0.03	15±0.04

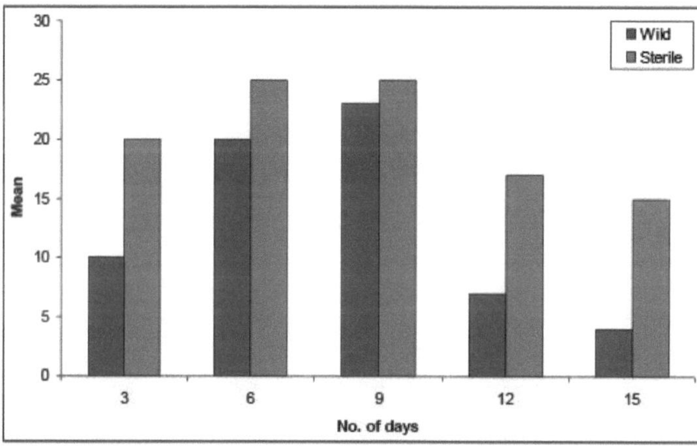

Fig. 5.5. Produtividade de biomassa de algas em meio de Walne de *Chaetomarpha antennina*

(Bory.)

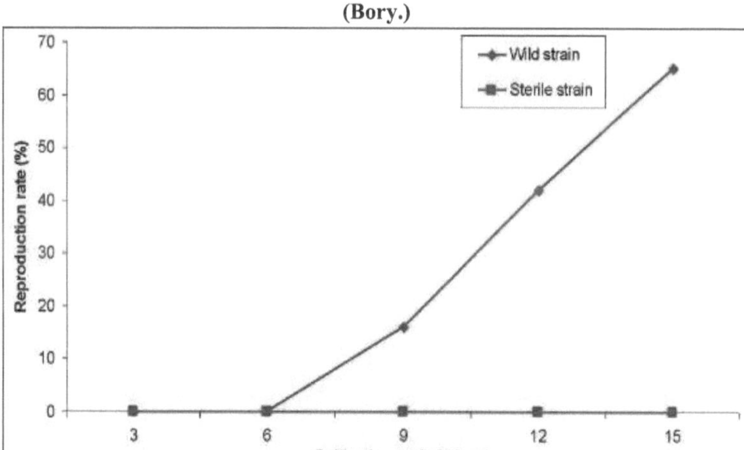

Fig. 5.6. Taxa de reprodução de *Chaetomarpha antennina* (Bory.)

Os resultados foram expressos como médias de réplicas ± desvio padrão. Os dados foram analisados utilizando o software SPSS versão 21.

Efeitos do tempo de cultura na taxa de crescimento específico e no período de cultivo da estirpe estéril *Chaetomarpha antennina* (Bory.)

As taxas de crescimento específico da estirpe selvagem em todos os tempos de cultura obedeceram a uma distribuição normal (Shapiro-Wilk, P > 0,05) e as variâncias das três amostras puderam ser consideradas iguais (teste de Levene, F = 0,643, P > 0,05). Foi efectuada uma ANOVA unidirecional para avaliar os efeitos do tempo de cultura no crescimento da estirpe selvagem. Foi efectuado um teste de Tukey HSD para a investigação post hoc. As taxas de crescimento específico da estirpe estéril em todos os tempos de cultura obedeceram a uma distribuição normal (Shapiro-Wilk, P > 0,05) e as variâncias das três amostras puderam ser consideradas iguais (teste de Levene, F = 2,157, P > 0,05). Foi efectuada uma ANOVA unidirecional para avaliar os efeitos do tempo de cultura na taxa de crescimento específico da estirpe estéril. O teste de Tukey HSD foi efectuado para investigação post hoc. A taxa média de crescimento específico das estirpes selvagens e estéreis durante os primeiros 14 dias de cultura obedeceu a uma distribuição normal (Shapiro-Wilk, P > 0,05). As variâncias das duas amostras podem ser consideradas iguais (teste de Levene, F = 2,208, P > 0,05). Por conseguinte, foi efectuado um teste t pressupondo variâncias iguais para comparar os dados relativos à taxa de crescimento específico médio das estirpes selvagens e estéreis durante os primeiros 14 dias de cultura.

As taxas de reprodução da estirpe selvagem em todos os tempos de cultura obedeceram a uma distribuição normal (Shapiro-Wilk, P > 0,05) e as variâncias das seis amostras puderam ser consideradas iguais (teste de Levene, F = 3,310, P > 0,05). Foi efectuada uma ANOVA unidirecional para avaliar os efeitos do tempo de cultura na taxa de reprodução da estirpe selvagem. Foi efectuado um teste de Tukey HSD para a investigação post hoc.

As taxas de crescimento específico das estirpes selvagem e estéril foram registadas de três em três dias (Fig. 5.5). A ANOVA mostrou que as taxas de crescimento específico da estirpe selvagem eram significativamente diferentes entre os tempos de cultura (F = 219,310, df = 5. 14, P < 0,001). Durante o 9º dia, a taxa de crescimento específico atingiu 23 ± 11%, mas diminuiu para 7,03% no 12º dia (Tukey HSD, P < 0,001; Fig. 5.5). A partir do 12º dia, a perda de massa ultrapassou o crescimento e a taxa de crescimento específico caiu para 4 ± 0,03% durante os últimos três dias (Fig. 5.5). A ANOVA mostrou que as taxas de crescimento específico da estirpe estéril eram significativamente diferentes entre os tempos de cultura (F = 10,009, df = 7,18, P < 0,011). Em contraste com a estirpe selvagem, a estirpe estéril manteve uma taxa de crescimento específico positiva ao longo do 14º dia de cultura, embora a uma taxa reduzida com o tempo (Tukey HSD, P < 0,01), com a taxa de crescimento específico nos últimos três dias ainda relativamente elevada (17 ± 0,05%; Fig. 5.5). Registaram-se diferenças significativas na taxa média de crescimento específico entre as estirpes selvagens e estéreis durante os primeiros 14 dias de cultura (Fig. 5.5). A taxa média de crescimento específico da estirpe estéril foi cinco vezes mais rápida do que a da estirpe selvagem (teste t de amostras independentes, t = - 46,173, df = 6, P < 0,001).

A ANOVA mostrou que as taxas de reprodução da estirpe selvagem foram significativamente diferentes entre os tempos de cultura (F = 241,289, df = 5,12, P < 0,001). A estirpe selvagem não se reproduziu durante os primeiros seis dias e 18,7 ± 2,3% dos talos tornaram-se férteis no nono dia (Fig. 5.6). Depois, a taxa de reprodução aumentou com o tempo (Tukey HSD, P

< 0,001) e atingiu 67 ± 6,1% no 14º dia. Em contrapartida, todos os discos estéreis permaneceram em estado vegetativo durante os 14 dias de cultivo. Uma vez que os discos de talos estéreis não sofreram perdas de biomassa devido à libertação do swarmer, as frondes resultantes foram capazes de atingir um tamanho considerável, com mais de 50 cm de comprimento (Fig. 5.6), o que não se verificou na estirpe selvagem durante a cultura em laboratório.

A Chaetomarpha antennina apresentou um peso máximo de biomassa seca para o meio de Walne (25,03 g). A taxa de crescimento notável foi observada no meio de Walne, a fase de atraso nos primeiros 3 dias, a fase de crescimento exponencial foi observada no 6º dia e a fase estacionária foi observada no 9º dia. A produtividade da biomassa de *C. antennina* no meio de Walne foi de 3,552 gl^{-1} d^{-1} e o lípido extraído da biomassa foi de 1,242 gl^{-1} d^{-1}, tendo sido obtido um teor de lípido de 5,15%.

Setthamongkol *et al.* estudaram a taxa de crescimento de nove espécies de macroalgas que foram cultivadas no meio Guillard's f/2 durante 3 semanas nas mesmas condições ambientais. Os resultados mostraram que, após 3 semanas, a taxa de crescimento mais elevada foi atingida pela *Caulerpa lentillifera* (7,28 ± 0,69 $g.d^{-1}$), seguida da *Ulva rigida* (2,66 ± 0,83 $g.d^{-1}$) e *da C. crassa* (2,64 ± 0,91 $g.d^{-1}$). As taxas de crescimento das outras espécies estavam na faixa de 0,12 ± 0,02 a 1,48 ± 0,17 $g.d^{-1}$. Pugdeepun (2001) estudou *C. lentillifera* cultivada em condições laboratoriais com o meio basal de Bold e verificou que o crescimento mais elevado (5,66% por dia) se registou a uma salinidade de 30 ppt na segunda semana, após o que o crescimento das algas diminuiu gradualmente e as algas morreram na quinta semana. Worasingh *et al.* (2007) testaram a cultura de algas marinhas com o meio f/2 durante 60 dias e descobriram que *Acanthophora spicifera, C. lentillifera* e *Enteromorpha clathrata* tinham taxas de crescimento elevadas de 1,5, 2,66 e 3,72 $g.d^{-1}$, respetivamente, em 15, 25 e 15 d, respetivamente. O meio utilizado para a cultura de macroalgas é muito importante, pois afectará o crescimento e a acumulação bioquímica das algas, pelo que o meio Grund, o meio ES de Provasoli, o meio f/2 e o meio Walne são geralmente utilizados na cultura de algas marinhas (Harrison e Berrges, 2005; West, 2005). Para as culturas de macroalgas, o meio Grund é adequado para várias espécies de *Rhodophyta* e o meio ES de Provasoli é semelhante ao meio Grund, mas o primeiro é mais completo em metais vestigiais e vitaminas (Malachlan, 1979). O meio f/2 e o meio de Walne são satisfatórios para microalgas e macroalgas marinhas e são adequados para a cultura comercial de algas (West, 2005).

Teor lipídico de espécies de algas em cultura

O teor de lípidos das algas verdes estudadas variou entre 5,2 ± 0,2 e 11,8 ± 0,2% (Fig. 5.7). O teor de lípidos da estirpe estéril de ambas as espécies foi mais de duas vezes superior ao da estirpe selvagem, sendo esta última apenas 5,4 ± 0,4% a 5% da massa seca, o que também corrobora os resultados de Burtin (2003) e Polat e Ozogul (2008). Os teores de lípidos de algumas espécies estudadas de são comparáveis aos observados por Kumari *et al.* (2010). No presente estudo, o teor de lípidos da *U. lactuca* foi superior ao do estudo anterior relatado por Chakraborty e Bhattacharya (2012). O teor de lípidos de ambas as espécies estudadas foi mais elevado em comparação com o de vários vegetais referidos por Tee *et al.* (1988), que têm menos de 1,0% de lípidos, exceto a soja. O teor total de lípidos destas algas marinhas é semelhante ao dos cereais (arroz e centeio) e das leguminosas (feijão comum, grão-de-bico e fava), que é inferior a 2% e superior ao das cenouras, espinafres e tomates, que varia entre 0,2 e 0,8% (Chávez *et al.*, 1996; Herbreteau *et al.*, 1997; Schmidt-Hebbel *et al.*, 1992).

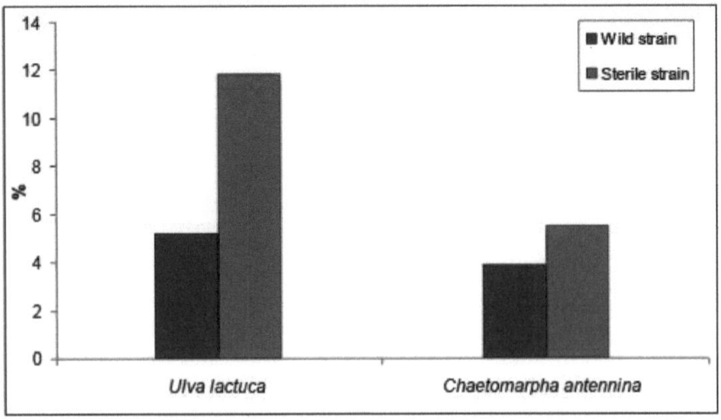

Fig. 5.7. Teor lipídico de *Ulva lactuca* (Linn.) em cultura

Aresta *et al.* (2005) para *Chaetomorpha linum,* Suganya *et al.* (2013) para *Ulva compressa*, Suganya e Renganathan (2012) para *Ulva lactuca* mostraram que o teor de lípidos não excedeu 11,00% do peso seco. Ahmed *et al.* (2010), descobriram que o teor de lípidos era de 8,87% e 2,48% de peso seco para as espécies *Gracilaria* e *Cladophora*, respetivamente. De acordo com Sumithrabai *et al.* (2011), o teor de lípidos das macroalgas marinhas varia entre 1,30 e 7,80% de peso seco. Vincecate (2006) também referiu que, em geral, a quantidade de lípidos nas macroalgas marinhas é de cerca de 5,50%. O teor de lípidos das macroalgas marinhas do presente estudo variou de 5,70 a 11,8% de peso seco e é semelhante aos relatados em estudos anteriores, confirmando assim a sugestão de Nelson *et al.* (2002) de que o teor de lípidos das macroalgas varia de espécie para espécie.

3. Estimar a produção de petróleo em diferentes condições ambientais

A investigação dos factores ambientais nas amostras de algas selecionadas, o crescimento das algas depende principalmente da temperatura, do nível de pH, da luz e do arejamento. Estes factores têm sempre influência na produção interna de biomassa para biocombustível.

Temperatura

A temperatura é um dos factores ambientais mais importantes que determina a taxa de crescimento das algas, o tamanho das células, a composição bioquímica e a absorção de nutrientes. Na Índia, as algas crescem numa vasta gama de temperaturas (15 a 40°C), dependendo da estirpe, da região e da estação. Abaixo das temperaturas óptimas de crescimento, a taxa de crescimento (μ) aumenta com o aumento da temperatura, mas diminui acentuadamente acima do ótimo específico da espécie ou da estirpe (Renaud *et al.*, 2002). O crescimento à temperatura óptima resulta num tamanho celular mínimo (Rhee, 1982; Harris, 1986) e a eficiência da utilização do carbono e do azoto diminui a temperaturas não óptimas (Darley, 1982). Foi sugerido que as alterações na viscosidade citoplasmática em condições de temperatura sub-óptimas eram responsáveis por uma utilização menos eficiente do carbono e do azoto (Hope *et al.*, 1975; Raven *et al.*, 1988).

No presente estudo, a temperatura é vital para o crescimento de *U. lactuca* e *C. antennina*. A temperatura elevada aumentou significativamente o crescimento tanto de *U. lactuca* como de *C. antennina* durante os primeiros 6 dias de cultura. A aceleração do crescimento a temperaturas moderadamente elevadas é um fenómeno comum entre as algas marinhas devido ao aumento da atividade metabólica (Kim e Lee, 1996; Mantri *et al.,* 2011). Por outro lado, a temperatura elevada diminuiu o crescimento da estirpe estéril de *U. lactuca e C. antennina* até ao 12º dia. Os efeitos positivos da alta temperatura em *U. lactuca e C. antennina* adultas foram completamente convertidos em efeitos negativos. Isto pode ser causado por um maior número de talos reprodutivos à temperatura experimental mais elevada. Entretanto, os talos de ambas as espécies a baixa temperatura não mostraram quaisquer sinais de reprodução durante 12 dias de cultura. Da mesma forma, o ritmo reprodutivo de *U. fenestrata* diminuiu de 30 para cinco dias quando a temperatura foi aumentada de 10 para 20°C (Kalita e Titlyanov, 2011). É evidente que a temperatura é um fator ambiental importante que regula o crescimento e a reprodução das algas marinhas. Foi encontrada uma resposta semelhante em *Chaetomorpha anteninna*, com temperaturas óptimas de crescimento de 25 e 30°C. Deng *et al.* (2012) também relataram 25-29°C e 21-29°C como temperaturas adequadas para o crescimento do gametófito e do esporófito de *Chaetomorpha valida*, com temperaturas óptimas de 25 e 29°C nas quais ocorreu a taxa máxima de crescimento. Por outro lado, registaram-se poucas alterações no crescimento de *C. crassa* a 8°C. Isto pode indicar que esta espécie não tem a capacidade de se adaptar a condições de baixa temperatura no inverno. Esta hipótese é apoiada por uma descoberta anterior de que baixas temperaturas até 10°C retardam o crescimento normal de *Chaetomorpha melagonium* (Patel, 1971). Em comparação com a temperatura letal superior de 26-30°C para outras espécies de *Chaetomorpha* (Bischoff e Wiencke, 1993; Gao *et al*., 2017b), *C. crassa* apresentou um valor mais elevado a 33-35°C (Gao *et al*., 2017b), indicando uma maior tolerância ao calor e um maior potencial para o cultivo no verão. Além disso, o crescimento de *C. crassa* apresentou variações sazonais significativas, com valores máximos no verão. Deng *et al.* (2012) também relataram que *C. valida* frequentemente domina os tanques de aquicultura e cresce mais luxuriantemente no verão do que no inverno. No Japão, o cultivo da maioria das algas marinhas está limitado ao inverno e à primavera e muito poucas culturas de algas marinhas são adequadas para o cultivo no verão. É provável que estas caraterísticas qualifiquem *a C. crassa* para contribuir para a melhoria da qualidade da água no verão através do cultivo em massa.

Efeito na composição dos lípidos e dos ácidos gordos

A temperatura é um dos factores ambientais mais importantes e mais bem estudados que afectam o teor de lípidos e a composição em ácidos gordos dos tecidos ou organismos fotossintéticos (Guschina e Harwood, 2009). O efeito da temperatura nos lípidos totais varia consoante a espécie. O teor total de lípidos de U. *lactuca e C. antennina* foi mais elevado quando cultivadas a 30°C do que a 25°C e 35°C, independentemente da fase de crescimento. Mohsen *et al.* (1973) relataram que o maior rendimento de lípidos em *U. fasciata* foi a 20°C, seguido de 15 e 25°C. Esta descoberta foi consistente com Floreto *et al.* (1993), uma vez que a temperatura alta no presente estudo é próxima de 30°C e a temperatura baixa é próxima de 15°C. Isto indica que existe uma temperatura óptima para o teor de lípidos totais e que as temperaturas em ambos os lados deste ponto ótimo levariam à diminuição dos lípidos totais.

A temperatura desempenha um papel fundamental na fotoinibição, que é conhecida por afetar a taxa de crescimento das algas. Foram postulados vários mecanismos de fotoinibição dependentes da temperatura. Estes incluem mecanismos segundo os quais, a baixa temperatura resulta na redução do transporte de electrões a uma determinada taxa de fluxo de fotões devido a uma taxa mais lenta de fixação de CO_2; a baixa temperatura inibe as espécies activas de oxigénio, o que resulta na redução da fotoinibição através da proteção do PSII e a baixa temperatura inibe a síntese da proteína D1 degradada durante a fotoinibição, impedindo consequentemente o ciclo de reparação do PSII. Uma das alterações mais frequentemente observadas com a mudança de temperatura é a alteração do nível de insaturação dos ácidos gordos na membrana lipídica (Thompson, 1996; Guschina e Harwood, 2006). Num estudo sobre oito espécies de plâncton marinho, os ácidos gordos (14:0) aumentaram de ~4% a 10°C para > 20% a 25°C, enquanto os PUFA (ácidos gordos polinsaturados) foram consistentemente mais elevados a uma temperatura mais baixa (10°C) (Thompson *et al.*, 1992).

pH

Um dos factores mais importantes na cultura de algas é o pH, uma vez que determina a solubilidade e a disponibilidade de CO_2 e de nutrientes essenciais e porque pode ter um impacto significativo no metabolismo das algas (Chen *et al.*, 1994; Goldman, 1973). Devido à absorção de carbono inorgânico pelas algas, o pH pode aumentar significativamente nas culturas de algas (Hansen, 1974). O crescimento máximo das algas ocorre em torno do pH neutro, embora o pH ótimo seja o pH inicial da cultura ao qual uma alga está adaptada para crescer. A alteração do pH nos meios pode limitar o crescimento das algas através da inibição metabólica (Goldman *et al.*, 1982). O pH ótimo para o crescimento de ambas as espécies é muito sensível ao pH, com um intervalo de pH adequado de 7,0-9,0 e um pH ótimo de 6,5-9,0. Chen *et al.* (2015) verificaram que a atividade fotossintética de *Ceratophyllum demersum* era mais elevada entre pH 7 e 9.

Pruder *et al.* (1979) observaram que as células *de T. pseudonana* adaptadas a um pH baixo (6,5) tinham uma taxa de crescimento inferior a um pH sub-ótimo (8,8). A taxa de crescimento normal foi restaurada após a redução do pH por adição de HCl. Resultados semelhantes foram registados por Chen e Durbin, em que a taxa fotossintética e o crescimento das algas eram mínimos a pH 9,0, mas as taxas de absorção de carbono aumentavam quando o pH era reduzido para 8,3 (Chen *et al.*, 1994). O pH é o principal fator determinante das concentrações relativas das espécies carbonáceas na água (Azov, 1982). Um pH mais elevado limita a disponibilidade de carbono a partir do CO_2, o que, por sua vez, suprime o crescimento das algas (Chen *et al.*, 1994; Azov, 1982). A um pH mais elevado, o carbono para as algas está disponível sob a forma de carbonatos (Nielsen, 1975). Um pH mais elevado também diminui a afinidade das algas pelo CO_2 livre (Azov, 1982; Rotatore e Colman, 1991). Nas culturas fotoautotróficas, a substituição do CO_2 absorvido para a fotossíntese é mais lenta, o que resulta numa diminuição da pressão parcial de CO_2 e, por conseguinte, num aumento do pH (Pruder *et al.*, 1979).

Efeito no metabolismo lipídico

O pH alcalino resulta indiretamente num aumento da acumulação de triglicéridos, mas numa diminuição dos lípidos polares associados à membrana devido à inibição do ciclo celular. Observou-se que os lípidos das membranas de Chlorella são menos insaturados em condições de pH alcalino (Guckert *et al.*, 1990). Tal como o pH alcalino, as condições ácidas podem alterar a absorção de nutrientes (Gensemer *et al.*, 1993) ou induzir a toxicidade de metais (Sunda, 1975), afectando assim o crescimento das algas. Como já foi referido, a maioria das espécies de algas cresce ao máximo em torno do pH neutro (7,0-7,6). Os lípidos, como os triacilgliceróis, acumulam-se em condições altamente ácidas (Tatsuzawa *et al.*, 1996). Outra adaptação observada em condições ácidas é um aumento do teor de ácidos gordos saturados, que reduz a fluidez da membrana e inibe concentrações elevadas de protões (Tatsuzawa *et al.*, 1996). Esta adaptação foi registada numa *Chlamydomonas* sp., em que o teor total de ácidos gordos aumentou de 2% a pH 7 para 2,4% a pH 2,7, um aumento modesto mas estatisticamente significativo (Poerschmann *et al.*, 2004).

Luz

A luz é a principal fonte de energia durante a fase de crescimento fotoautotrófico e os organismos utilizam a energia da luz para converter o dióxido de carbono em compostos orgânicos, especialmente açúcares. A gama de intensidade da luz na Índia varia entre 1500 e 8500 W.h/m^2/dia com forte dependência regional e sazonal (NREL Web Page. 2013). A intensidade da luz afecta o crescimento das algas através do seu impacto na fotossíntese (Stockenreiter *et al.*, 2013). Embora a taxa de crescimento esteja a aumentar a intensidade da luz é uma função da estirpe e da temperatura da cultura, a taxa de crescimento das algas é máxima na intensidade de saturação e diminui com o aumento ou diminuição da intensidade da luz (Sorokin *et al.*, 1958). A luz é um pré-requisito em termos de crescimento das algas marinhas devido ao seu papel na condução da fotossíntese. A relação entre a irradiância e a fotossíntese obedece a curvas clássicas fotossíntese-irradiância em que a fotossíntese aumenta com a irradiância, atinge um pico num determinado ponto (denominado irradiância de saturação) e mantém a taxa máxima de fotossíntese ou diminui (fotoinibição) acima da irradiância de saturação (Jassby e Platt, 1976; Behrenfeld e Falkowski, 1997). A relação entre o crescimento e a irradiância é semelhante à relação entre a irradiância e a fotossíntese, uma vez que o crescimento depende em grande medida da fotossíntese.

A irradiância de saturação para o crescimento das ervas marinhas ou para a fotossíntese varia numa vasta gama de 10-689 μ mol fotões m^{-2} s^{-1}, que depende da espécie e do local (Arnold e Murray, 1980; Fortes e Lüning, 1980; Beach *et al.*, 1995; Han *et al.*, 2003; Choo *et al.*, 2005, Kim *et al.*, 2011). Aqui, 180 μmol fotões m^{-2} s^{-1}. A irradiância de saturação mais baixa registada é de 10 μmol fotões m^{-2} s^{-1} para *U. pertusa*, recolhida na costa oriental da Coreia (Han *et al.*, 2003). *A U. lactuca* do Mar do Norte também tem uma irradiância de saturação relativamente baixa de 70 μ mol fotões m^{-2} s^{-1} (Fortes e Lüning, 1980). A irradiância de saturação mais elevada de 689 μ mol fotões m^{-2} s^{-1} foi encontrada em *U. linza* do Mar Amarelo oriental (Kim *et al.*, 2011). Acima da irradiância de saturação, uma minoria de *Ulva* sp. apresenta fotoinibição, o que indica que uma maior intensidade de luz pode inibir o crescimento (Arnold e Murray, 1980). Por exemplo, as intensidades de luz de 1956, 1405, 1950 μmol fotões m^{-2} s^{-1} reduziram a fotossíntese de *U. intestinalis, U. lobata* e *U. rigida* em 39, 57 e 32%, respetivamente, em comparação com a fotossíntese máxima (Arnold e Murray, 1980).

As provas da influência da luz azul na taxa de crescimento a curto prazo são equívocas (Borodin, 2008). Foi observado que a luz azul e vermelha pode ajudar a aumentar o crescimento e a produção de polissacáridos (You e Barnett, 2004). Emerson e Lewis também referiram que a luz azul e vermelha são as mais eficazes para a fotossíntese de *Chlorella* (Emerson e Lewis, 1943). Miyachi e Kamiya estudaram a formação de amido em Chlorella vulgaris sob luz azul (456 nm) e vermelha (660 nm). Relataram que a via do carbono na fotossíntese é regulada pela luz de comprimento de onda curto (azul), mesmo sob baixa intensidade (Miyachi e Kamiya, 1978). Observou-se que a luz vermelha de alta intensidade incorpora carbono do CO_2 nas vias de síntese de sacarose e amido. No entanto, a sobreposição de luz azul monocromática, mesmo a baixas intensidades, resultou numa diminuição significativa da formação de sacarose e amido, juntamente com o aumento dos níveis de alanina, aspartato, glutamato, glutamina, malato, citrato, lípidos e da fração de não hidratos de carbono insolúvel em água e álcool (Miyachi e Kamiya, 1978).

Efeito na composição lipídica e de ácidos gordos

Na maioria das algas, uma intensidade luminosa elevada aumenta o teor de lípidos de armazenamento (TAG) (Napolitano, 1994; Khotimchenko e Yakovleva, 2004). Khotimchenko e Yakovleva (2004) mostraram que a proporção relativa de TAGs em *Ulva fenestrata* é consideravelmente mais elevada a 80% da radiação fotossinteticamente ativa (PAR) incidente do que a 24% PAR. Após 3 semanas de incubação em condições de luz específicas, a baixa irradiância levou a um forte aumento dos glicolípidos e fosfolípidos, especialmente do monogalactosildiacilglicerol, do sulfoquinovosildiacilglicerol e do fosfatidilglicerol. A intensidade da luz também influenciou a composição dos ácidos gordos, alterando as proporções relativas. Os ácidos gordos mais sensíveis à luz foram o 16:0 e o 16:4 n^{-3}, tendo o primeiro aumentado com uma intensidade de luz elevada e o segundo com uma intensidade de luz baixa . O teor total de lípidos, contudo, não variou com diferentes intensidades de luz (Khotimchenko e Yakovleva, 2004). No verão, o teor de lípidos da *Saccharina japonica* em Hokkaido, Japão, foi de ~20 mg g^{-1} d.w. (Khotimchenko e Kulikova, 2000) e de 76,4 mg g^{-1} d.w. no inverno (Honya *et al.*, 1994). Tal como nas algas castanhas, os teores mais elevados de lípidos nas algas vermelhas e verdes encontram-se geralmente nas regiões tropicais, embora os máximos de outono e inverno das algas verdes nas regiões temperadas quentes possam ser elevados.

O processo de fotoadotação/fotoaclimatação nas algas leva a alterações das propriedades celulares em função da disponibilidade de luz e a um aumento da eficiência fotossintética (Dubinsky *et al.,* 1995). A adaptação pode ocorrer através de múltiplos mecanismos, tais como alterações nos tipos e quantidades de pigmentos, na taxa de crescimento, na taxa de respiração no escuro ou na disponibilidade de ácidos gordos essenciais (Mock e Kroon, 2002). A fotoaclimatação morfológica é acompanhada por alterações do volume celular e do número e densidade das membranas tilacóides. As algas superam a limitação da luz através da dessaturação das membranas dos cloroplastos (Berner *et al.,* 1989). O aumento da intensidade luminosa acima dos limites de saturação causa fotoinibição (30,100). Isto deve-se à rutura das lamelas dos cloroplastos causada pela elevada intensidade de luz (Brody *et al.,* 1959) e à inativação de enzimas envolvidas na fixação de dióxido de carbono (Iqbal e Zafar, 1993). Por exemplo, a taxa de crescimento de *Dunaliella viridis* diminuiu para 63% com o aumento da intensidade da luz de 700 para 1500 µmol m^{-2} s^{1}. Observou-se que a ausência de luz aumentava o teor total de lípidos da *D. virdis*, mas reduzia os triglicéridos, os ácidos gordos livres, os álcoois livres e os esteróis (Smith *et al.,* 1993). Em *Nannochloropsis* sp. cultivada em condições de baixa luminosidade (35 µE m^{2} s^{-1}), verificou-se que 40% dos lípidos totais eram galactolípidos e 26% eram triacilgliceróis. No mesmo sistema, condições de luz elevada (550 µE m^{-2} $s^{-1)}$ resultaram num aumento da síntese de triacilglicerol com uma redução na síntese de galactolípidos (Sukenik *et al.,* 1989). A luz intensa, em geral, conduz a danos oxidativos dos AGPI. Numerosos estudos sugerem que o teor de lípidos celulares e de AGPI diminui com o aumento da intensidade da luz (Cohen, *et al.,* 1999; Orcutt *et al.,* 1974). Pelo contrário, as células de Nannochloropsis em condições de pouca luz caracterizavam-se por um elevado teor de lípidos e proporções elevadas de ácido eicosapentaenóico (EPA; ácido 5,8,11,14,17-icosapentanóico) (Sukenik *et al.,* 1989). Confirmando esta tendência observada, outro estudo sobre a mesma espécie registou um aumento dos ácidos gordos insaturados devido principalmente a um aumento do EPA (de 44,3 para 60,7% do conteúdo orgânico) e uma diminuição do conteúdo proteico, com a diminuição da irradiância (Fábregas *et al.,* 2007). O aumento dos AGPI em condições de crescimento limitado pela luz está associado a um aumento do total da membrana tilacoide na célula (Berner *et al.,* 1989).

Aeração

O ambiente hidrodinâmico é um fator determinante para a cultura de algas marinhas, que influencia direta ou indiretamente o desempenho fisiológico e a estrutura da comunidade. Isto pode afetar factores abióticos e bióticos que controlam a produção líquida de algas marinhas, tais como a densidade do fluxo de fotões, a disponibilidade de CO_2 e de nutrientes, a temperatura, a competição inter e intra-específica por espaço e recursos e as taxas de herbivoria (Hurd,). Neste estudo, a taxa de arejamento aumentou visivelmente o crescimento de ambas as espécies de algas em comparação com as condições estáticas, tendo atingido o ponto de saturação a 100 L min^{-1}. O aumento do crescimento pode ser atribuído ao aumento da fotossíntese e da absorção de nutrientes em condições de movimento rápido da água (Wheeler, 1980; Gerard, 1982; Gao, 1991; Gao *et al.,* 1992a; Gonen *et al.*, 1993; Gonen *et al.*, 1995; Hurd *et al.*, 1996).

Além disso, a elevada velocidade da água reduz a camada limite de difusão à volta da superfície das algas marinhas, aumentando assim a transferência de massa de carbono inorgânico e de nutrientes (Hurd, 2000). Além disso, as algas libertam produtos metabólicos, como os produtos fotossintéticos (OH e O_2), para a água do mar. Na camada limite de difusão, a acumulação influencia a química da água do mar na superfície do talo e, em seguida, a fotossíntese das algas marinhas. Por exemplo, a taxa fotossintética da *Gracilaria conferta* foi reduzida devido à acumulação de OH na superfície do talo, que pode ser causada pela alteração do pH na camada limite de difusão (Gonen *et al.,* 1993). Além disso, a diminuição do O_2 devido ao movimento da água pode levar a um rácio elevado de CO2/O2 e deprimir as perdas fotorrespiratórias, como se verificou na alga vermelha *Porphyra yezoensis* (Gao *et al.,* 1992a,b).

Por conseguinte, o aumento do crescimento de *Ulva* e *Chaetomorpha* sob uma taxa de arejamento elevada pode ser uma consequência combinada do aumento do fornecimento de carbono inorgânico através da camada limite de difusão e da diminuição do fluxo de produtos fotossintéticos (OH e O_2) na superfície do talo. No entanto, é de notar que o movimento da água pode também ter efeitos negativos nas algas. As forças de arrastamento e de aceleração associadas à rebentação das ondas podem desalojar bancos inteiros de kelp durante as tempestades (Graham, 1997). Um estudo mostrou que o movimento rápido da água nem sempre aumenta a produtividade. Por exemplo, Gerard e Mann (1979*)* demonstraram que *a Laminaria longicruris* crescia mais rapidamente num local abrigado durante oito meses do ano (50 cm $s^{-1)}$ do que num local exposto (100 cm s^{-1}). *A L. longicruris* teve de alterar a sua morfologia para se adaptar à perturbação causada pelo movimento intenso da água, o que compensou os benefícios em termos de taxas de difusão de nutrientes e outros materiais dissolvidos. Além disso, a água do mar corrente pode também estimular a fuga da bomba de HCO_3^- e o fluxo de CO_2 para fora da célula (Hurd, 2000). No presente estudo, o crescimento a uma taxa de arejamento elevada não diminuiu, o que indica que a taxa de 200 L $minuto^{-1}$ não teve efeitos negativos óbvios.

Além da taxa de aeração, o período de aeração é outro parâmetro essencial para o cultivo de algas marinhas, pois afeta tanto a produtividade quanto o custo (Ben-Ari *et al.,* 2014). Neste estudo, a taxa de crescimento geralmente aumentou com o tempo de aeração até 16 horas de aeração por dia, embora o aumento do crescimento induzido pelo tempo de aeração prolongado tenha diminuído com os dias de cultivo, o que indicou que o crescimento sob 16 horas de aeração por dia foi mais rápido. No entanto, Guerin e Bird (1987) descobriram que

12 horas de arejamento eram óptimas para o crescimento de *Gracilaria* sp. Vandermeulen e Gordin (1990) também relataram que 12 horas de arejamento aumentavam o crescimento de *U. lactuca*, enquanto o arejamento contínuo não estimulava mais o crescimento. O tempo ótimo pode depender da densidade populacional e da concentração de nutrientes na água do mar. Uma disponibilidade elevada de nutrientes na água do mar pode reduzir o efeito estimulante do arejamento no crescimento das espécies de *Ulva* (Msuya e Neori, 2008). Por conseguinte, um menor tempo de arejamento poderia satisfazer o crescimento quando os nutrientes são abundantes.

Salinidade

A salinidade é outro fator importante que regula a composição bioquímica das células das algas. Neste caso, foi ajustada a salinidade de 32 ppm. Quando expostas a níveis de salinidade mais baixos ou mais altos do que os seus níveis naturais (ou adaptados), ambas as espécies de macroalgas mudam a taxa de crescimento e alteram a sua composição bioquímica. Por exemplo, uma salinidade mais elevada aumenta o teor de lípidos das algas (Zhila *et al.*, 20011; Fabregas *et al.*, 1984). Com o aumento da salinidade, da temperatura e da intensidade da luz, a fotossíntese começou por aumentar e depois diminuiu. Quando a salinidade era superior a 40%, a fotossíntese era inibida (Qi *et al.*, 2008). Assim, diferentes factores ambientais podem promover o crescimento e a fotossíntese das algas, resultando no seu crescimento excessivo e num potencial surto. No entanto, muito pouca investigação tem sido feita sobre as Chaetomorpha (De-Paula Silva *et al.*, 2008; Xu e Lin, 2008; Deng *et al.*, 2012). *A Dunaliella*, uma alga marinha, apresentou um aumento dos ácidos gordos saturados e monoinsaturados com um aumento da concentração de NaCl de 0,4 para 4 M (145). Noutro estudo com *Dunaliella tertiolecta*, foi observado um aumento dos lípidos intracelulares (60 a 67%) e da concentração de triglicéridos (40 a 56%) com um aumento da concentração de NaCl de 0,5 (concentração de água doce) para 1,0 M (Takagi e Yoshida, 2006). Aumentando o nível de NaCl em culturas de *Botryococcus braunii*, uma alga de água doce, verificou-se um aumento da taxa de crescimento, do teor de hidratos de carbono e do teor de lípidos, no entanto, a maior concentração de biomassa foi obtida no nível de salinidade mais baixo (Rao *et al.*, 2007). Estes resultados são apoiados por outro estudo em que o teor de lípidos de *Botryococcus braunii* cultivada em NaCl 0,50 M foi mais elevado em comparação com meios sem adição de NaCl, mas os níveis de proteínas, hidratos de carbono e pigmentos foram mais baixos (Ben-Amotz *et al.*, 1985). Outro estudo com a mesma alga relatou uma diminuição do teor de proteínas com um teor inalterado de hidratos de carbono e lípidos com um aumento da salinidade (Vazquez-Duhalt *et al.*, 1991). Este estudo também registou um crescimento reduzido a salinidades mais elevadas, o que pode ter sido devido a uma incapacidade da alga para se adaptar a uma salinidade elevada. Um estudo com *Tetraselmis suecica* também registou uma redução do teor de proteínas por célula de até 20% com o aumento da salinidade (Fabregas *et al.*, 1984).

4. Avaliar o óleo, a biomassa e o glicerol das espécies de algas cultivadas

Dependendo do teor de lípidos colhidos, *Ulva lactuca* (Linn.) e *Chaetomorpha antennina* (Bory.) foram selecionadas para a extração de lípidos seguida da produção de biodiesel. Foi utilizado um aparelho de Soxhlet para extrair lípidos da massa de algas secas das espécies de algas acima mencionadas. Foram utilizados 200 g de biomassa algal seca para a extração do óleo de algas no aparelho de Soxhlet. Como se mostra no Quadro 5.4, a maior quantidade de lípidos por 200 g de massa seca de algas foi extraída da *U. lactuca,* 28 ml, seguida da *C. antennina,* 16 ml.

Tabela 5.4. Produtividade do óleo de algas (200 g)

Nome da alga	Teor total de lípidos (ml)
Ulva lactuca	28
Chaetomorpha antennina	16

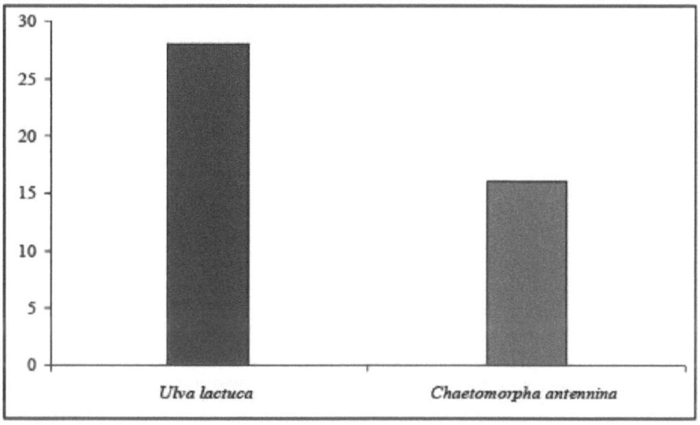

Fig. 5.8. Produtividade do óleo de algas

Produção de biodiesel

Os lípidos extraídos de *U. lactuca* e *C. antennina* foram utilizados para a produção de biodiesel. O biodiesel é produzido através de um processo conhecido como transesterificação. Após a conclusão da reação de transesterificação, o biodiesel foi separado e depois purificado por lavagem com água destilada a 5%. A quantidade de biodiesel produzido utilizando o lípido da respectiva amostra de algas está registada na Tabela 5.5. O biodiesel produzido utilizando *U. lactuca* como fonte de lípidos foi máximo, ou seja, 19 ml, e utilizando *C. antennina* como fonte de lípidos foi o mínimo, ou seja, 8 ml. Isto significa que o lípido extraído de *Ulva lactuca* é o melhor alimento para a produção de biodiesel. O gráfico de comparação entre o biodiesel produzido utilizando os lípidos extraídos de *U. lactuca* e *C. antennina.*

O biodiesel é tradicionalmente produzido através da extração e purificação do óleo da matéria-prima, após o que o óleo é tratado por transesterificação (Aresta *et al.*, 2005a; Maceiras *et al.*, 2011). Ao comparar dois métodos de extração de óleo, a liquefação termoquímica e um método de solvente, em que o CO2 supercrítico é utilizado como solvente, Aresta *et al.* (2005a) verificaram que a liquefação é um método quantitativamente mais eficiente e com maior quantidade de substâncias oleosas. O método do co2 supercrítico produziu uma maior quantidade de ácidos gordos de cadeia longa.

Ambos os óleos foram transesterificados antes de se avaliarem as suas propriedades como biodiesel. Numa comparação do ciclo de vida entre a extração com solvente orgânico e a extração com co2 supercrítico, esta última pareceu ser um método mais barato e mais eficiente para extrair óleo (Aresta *et al.*, 2005b). A transesterificação produz ésteres metílicos de ácidos gordos de cadeia longa, ou seja, biodiesel (Aresta *et al.*, 2005a; Demirbas e Demirbas 2011). A transesterificação é efectuada para o óleo, porque no óleo de algas puro a viscosidade é demasiado elevada e a volatilidade é demasiado baixa para queimar completamente nos motores (Demirbas, 2007). Testes laboratoriais mostraram que os custos de produção podem ser reduzidos através da extração e transesterificação simultâneas do óleo.

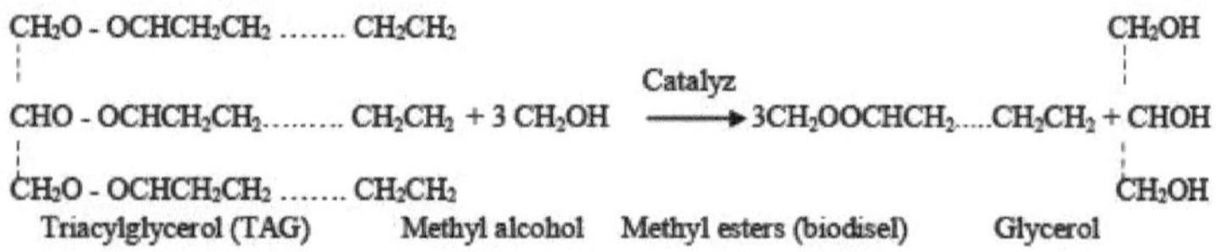

Reação de transesterificação

A extração simultânea de óleo e a transesterificação permitem evitar a etapa de purificação do óleo extraído antes da transesterificação (Maceiras *et al.*, 2011). O método foi testado com macroalgas lavadas e secas ao sol em Espanha. Embora o teor médio de óleo da biomassa de algas fosse de <3,5%, o potencial reside na utilização de matérias-primas disponíveis em grandes quantidades e consideradas como resíduos. A utilização de girassol e de duas espécies de macroalgas (*Gracilariopsis longissima* e *Chaetomorpha linum*) na produção de biodiesel mostrou que o consumo de recursos naturais era aproximadamente 30 vezes superior no processamento da biomassa de macroalgas, devido à necessidade de produtos químicos na extração do óleo de algas e às elevadas necessidades energéticas na recuperação dos solventes (Bastianoni *et al.*, 2008). A proporção de óleo das fracções lipídicas da microalga verde *Chlorella protothecoides* foi consideravelmente mais elevada do que a da macroalga verde *Cladophora fracta* e o valor de aquecimento e a quantidade média de ácidos gordos polinsaturados da *Chlorella protothecoides* foram também superiores aos da *Cladophora fracta* (Demirbas, 2007).

A viabilidade das macroalgas para a produção de biodiesel não depende apenas do teor lipídico e da quantidade de TAGs, mas também do grau de insaturação dos ácidos gordos (Williams e Laurens, 2010; Annam e Amarnath, 2011). Apesar dos teores relativamente baixos de lípidos (0,5% de lípidos do d.w.), a alga castanha *Sargassum myriocystum* tem sido considerada um bom material para a produção de biodiesel devido à sua composição lipídica favorável (Annam e Amarnath, 2011). As inovações na produção de biodiesel incluem a utilização de microesferas de óxido metálico como catalisadores num processo em que os ácidos gordos livres e os triacilgliceróis são simultaneamente transformados em biodiesel através da esterificação e da transesterificação, respetivamente (Krohn *et al.*, 2011). Até ao momento, a produção de biodiesel a partir de macroalgas encontra-se a nível experimental e necessita de uma maior otimização ao longo do processo de produção, de modo a validar o seu potencial para utilização comercial em .

A qualidade do biodiesel produzido por transesterificação depende do perfil de ácidos gordos da matéria-prima, que determina o índice de cetano, a viscosidade, a estabilidade oxidativa e o ponto de fusão (Knothe, 2009). A Europa e a América do Norte estabeleceram normas para a qualidade desejável do biodiesel (ASTM D6751-12 2008; norma europeia EN 14214 2003). Podem ser utilizadas diferentes técnicas para modificar o perfil de ésteres gordos do biodiesel produzido, mas é mais barato e menos trabalhoso utilizar diretamente as matérias-primas que produzem biodiesel de boa qualidade. O índice de cetano, o ponto de fusão e a viscosidade aumentam à medida que a saturação e o comprimento da cadeia dos ésteres gordos aumentam. Um número de cetano elevado está associado a um tempo de ignição curto nas câmaras de combustão e a baixas emissões de NOx, pelo que é desejável para o biodiesel. Os ésteres gordos saturados (em relação aos ésteres poli-insaturados) estão associados a uma melhor estabilidade oxidativa do biodiesel, uma vez que os PUFA induzem reacções oxidativas (Chopra *et al.*, 2011). Por outro lado, a elevada viscosidade e o elevado ponto de fusão são problemáticos para os motores. Entre as contrapartes insaturadas *cis* e *trans*, a viscosidade é reduzida substancialmente quando apenas estão presentes ligações duplas *cis* (Knothe, 2009). No processo de transesterificação, é necessário um catalisador para substituir a parte de glicerol da cadeia de ácidos gordos por um grupo alquilo de álcool para formar um éster de ácido gordo (biodiesel) (Daroch *et al.*, 2013).

Tabela 5.5. Quantidade de biodiesel produzido (200 g)

Nome da alga	Quantidade de biodiesel produzido (ml)
Ulva lactuca	19
Chaetomorpha antennina	08

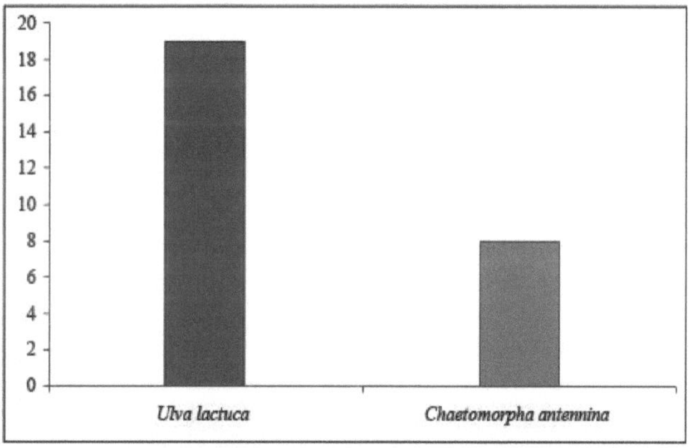

Fig. 5.9. Quantidade de biodiesel produzido

Produção de glicerol

O glicerol é um subproduto durante a transestirificação do óleo de algas e pode ser utilizado em indústrias como a alimentar, a farmacêutica e a cosmética. A quantidade de glicerol produzida a partir de lípidos de espécies de algas selecionadas está registada na Tabela 5.6. O glicerol produzido a partir de *U. lactuca* como fonte de lípidos foi máximo, ou seja, 25 ml, e a utilização de *C. antennina* como fonte de lípidos foi a menor quantidade, ou seja, 15 ml. Isto significa que o lípido extraído da *Ulva lactuca* é o melhor alimento para a produção de glicerol. A figura 5.10 mostra o gráfico de comparação entre o glicerol produzido com lípidos de algas de *U. lactuca* e *C. antennina.*

Bill e Chi (2004) propuseram que o custo total de produção de glicerol utilizando lípidos de algas é competitivo com o processo de glicerol existente. Além disso, a necessidade global de energia é muito inferior à do processo petroquímico. Isto proporciona uma via alternativa para a produção de glicerol que é minimamente dependente de combustíveis fósseis e é, por conseguinte, menos sensível à disponibilidade e ao preço do petróleo bruto. A matéria-prima primária, o dióxido de carbono dos gases de combustão, é um recurso barato e renovável. É possível melhorar significativamente a economia do processo através de um maior desenvolvimento da tecnologia de cultivo em grande escala e da maquinaria de distribuição e recolha de biomassa. Os dados sobre a quantidade de glicerol produzida a partir de lípidos de algas ainda não foram comunicados nos artigos de investigação e nas revisões.

Tabela 5.6. Quantidade de glicerol produzida (200 g)

Nome da alga	Quantidade de glicerol produzida (ml)
Ulva lactuca	25
Chaetomorpha antennina	15

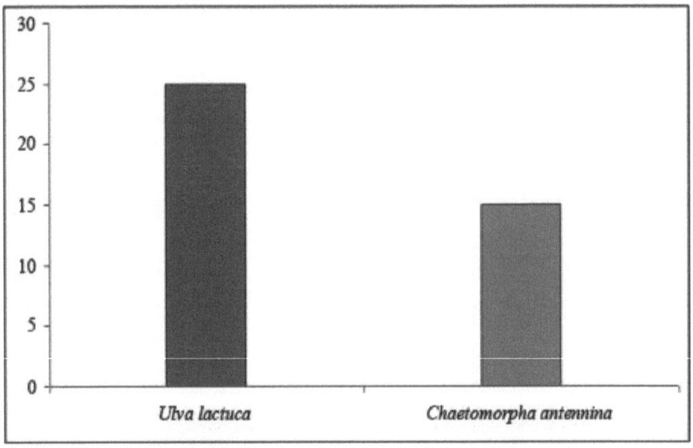

Fig. 5.10. Quantidade de glicerol produzida

Ensaios de pureza do biodiesel

O exame da pureza do biodiesel mostrou que o biodiesel obtido a partir dos lípidos *da U. lactuca* tinha um aspeto límpido com uma cor verde e o biodiesel obtido a partir dos lípidos da *C. antennina* tinha um aspeto límpido também com uma cor verde. O ponto de ebulição do biodiesel obtido a partir da *U. lactuca* foi de 150°C e o da *C. antennina* foi de 144° C, a chama ardeu moderadamente como qualquer outro gasóleo e a cor da chama foi amarela. A conclusão da reação com metanol foi observada com uma fase clara e brilhante e não foram encontradas impurezas. Na emulsificação, o biodiesel separou-se em poucos minutos em fases distintas e estas fases eram claras, isto é, sem resíduos ou sabão. Formou duas camadas distintas que foram observadas na lavagem e não havia uma terceira camada. Não foi observado qualquer teor de água e o pH era de 7.

Propriedades físico-químicas do biodiesel *de Ulva lactuca*

As propriedades do biodiesel produzido a partir de *U. lactuca* são comparadas com o padrão de gasóleo e mostradas na Tabela 5.7. A densidade a 30°C foi de 0,889 g/cm^3 e a viscosidade do biodiesel a 40°C foi de 4,2 mm^2/sec, respetivamente, o que se verificou estar dentro da gama padrão. Com base nos resultados, a baixa viscosidade do biodiesel produzido indica que pode ser diretamente utilizado em motores existentes e também o valor de aquecimento ligeiramente inferior, devido à elevada percentagem de oxigénio no teor de biodiesel produzido, que não está presente no diesel convencional. A presença do teor de oxigénio no biodiesel produzido pode ajudar a conseguir a combustão completa. Na produção de biodiesel, o ponto de inflamação é mais elevado e é mais seguro para armazenamento e transporte. O índice de cetano do biodiesel foi de 48, o que contribui para um bom comportamento no arranque a frio e um funcionamento suave do motor. Se o combustível tiver um índice de cetano baixo, conduz a um aumento das emissões de escape devido a uma combustão incompleta. O ponto de turvação indica as propriedades de fluxo a frio do biodiesel e também uma insaturação demasiado elevada conduz a problemas de oxidação, pelo que deve ser adicionado um estabilizador para prolongar o tempo de armazenamento do biodiesel (Johnson *et al.*, 2009). O ponto de inflamação, o ponto de fluidez e o ponto de turvação do biodiesel produzido foram encontrados como 132 a 13°C e 9°C, respetivamente.

Tabela 5.7. Propriedades físico-químicas do biodiesel *de Ulva lactuca* (Linn.)

Propriedades	**ASTM D6751**	**ASTM D0975**	**EN 14214**	**Biodiesel de *U. lactuca***
Densidade g/cm3	0.875 - 0.90	0.876	0.86 - 0.90	0.889
Viscosidade mm^2/sec	1.6 - 6	1.9 - 4.1	3.5 - 5	4.2
Gravidade específica	0.88	0.850	-	0.88
Ponto de inflamação °C	100 - 170	60-80	>120	132
Ponto de fluidez °C	-15 a 16	-35 a -15	-	-13
Ponto de nuvem °C	-3 a 12	-15 - 5	-	9
Índice de cetano	47 - 65	40-55	-	48
Índice de acidez mg KOH/g	<0.8	0.35	<0.5	0.30
Valor de iodo Wg	-	-	<120	98.6
Teor de cinzas %	<0.02	0.01	<0.02	-
Teor de água %	0.03	0.02	<0.05	-

Análise GC-MS

A cromatografia gasosa e a espetroscopia de massa são utilizadas para identificar os componentes químicos presentes no biodiesel.

Análise de lípidos de algas

Os picos de ácidos gordos separados por GC-MS foram identificados por comparação dos valores do tempo de retenção (RT) do extrato de algas com os dos padrões dados por Donot *et al.* (2013). O cromatograma obtido pelo cromatograma GC-MS para o teor de lípidos na *U. lactuca* e a Tabela 5.8 mostra os tipos de ácidos gordos presentes na *U. lactuca.*

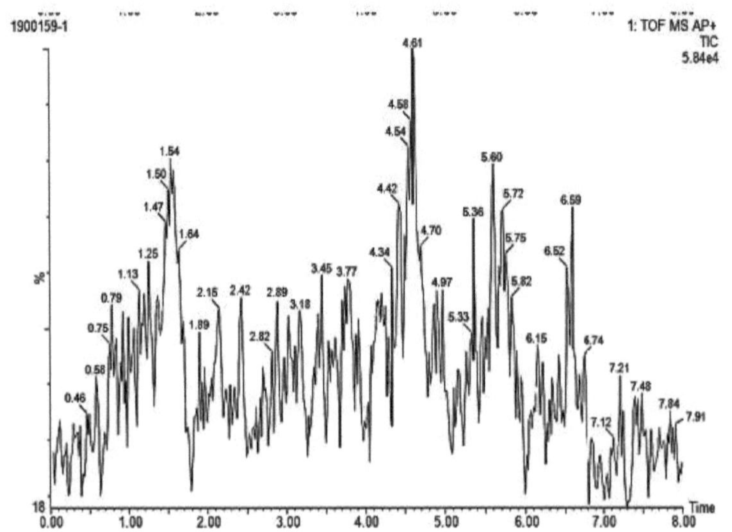

Fig. 5.11. Picos qualitativos do espetro de cromatografia líquida de *U. lactuca* biodiesel

Tabela 5.8. Ácidos gordos presentes no biodiesel de *Ulva lactuca* (Linn.)

Nome dos ácidos	Fórmula molecular	Peso molecular
Ácido esteárico	$C_{18}H_{36}O_2$	284
Ácido palmítico	$C_{16}H_{32}O_2$	255
Ácido oleico	$C_{18}H_{34}O_2$	282
Ácido linólico	$C_{18}H_{32}O_2$	280
Ácido dodeconoico	$C_{12}H_{24}O_2$	200
Ácido trideconoico	$C_{13}H_{26}O_2$	214
Ácido heptadeconóico	$C_{17}H_{34}O_2$	270
Ácido octanóico	$C_8H_{16}O_2$	144

O GC-MS é utilizado para separar e identificar os componentes químicos presentes no biodiesel. O espetro da cromatografia gasosa mostra o número de constituintes presentes na amostra analisada e o espetro de massa fornece informações sobre a estrutura molecular. Os resultados obtidos foram avaliados e confirmados utilizando a biblioteca MS padrão NIST.

A *U. lactuca* apresenta um espetro de cromatografia gasosa com os vários picos obtidos em diferentes tempos de retenção. Há oito tipos de ésteres obtidos em tempos de retenção de 22,732, 22,951, 23,921, 24,875, 25,378, 25,658, 27,511 e 27,760. O espetro de massa dos ésteres metílicos de ácidos gordos do combustível líquido energético é apresentado na Figura 03, respetivamente.

O biodiesel *de U. lactuca* contém um teor mais elevado de éster metílico do ácido hexadecanóico (36,92%), éster metílico do ácido tetradecanóico (22,59%), ácido octadeca-9-12-dienóico (13,61%), éster metílico do ácido 9-octadecenóico (12,21%) e éster metílico do ácido octadecanóico (6,11%). O biodiesel é uma mistura de ésteres metílicos de ácidos gordos saturados e insaturados. O FAME obtido variava entre C_{15} e C_{18}.

Os dados GCMS do produto de biodiesel transesterificado de *U. lactuca* são comparados com o padrão e referências. Aqui, o biodiesel *de Jatropha* foi tomado como padrão. Sanjaykumar (2013) referiu que o biodiesel *de Jatropha* é uma das fontes de energia alternativas permissivas. A planta *Jatropha* possui uma variedade de géneros superior a 170 nas regiões tropicais e subtropicais do mundo. O seu rendimento por hectare é mais de quatro vezes superior ao da soja. As sementes de *Jatropha* contêm 20% de ácidos gordos saturados e 80% de ácidos insaturados e produzem 25-40% de óleo em peso. Devido ao seu ciclo de vida perene, a Jatropha é amplamente produzida. O rendimento das sementes cultivadas pode variar entre 1500-2000 kg^{-1} hectare, produzindo 540-680 $litros^{-1}$ de óleo. A conversão do óleo em biodiesel dá origem a uma mistura de ésteres metílicos de ácidos gordos saturados e insaturados.

O biodiesel de *U. lactuca* consiste nos principais FAMEs C15:0, C16:0, C18:0. O biodiesel de *U. lactuca* contém 20-43,5% de FAMEs saturados e 48-30,98% de FAMEs insaturados. Os resultados semelhantes foram obtidos por Patil *et al.* (2010). Pokharkar (2012) preparou e caracterizou biodiesel de sementes de undi. A conclusão do estudo mostra que o biodiesel de undi contém FAMEs que variam entre C9 e C24. Krohn *et al.* (2010), relataram que o biodiesel de macroalgas possui FAME na gama C12 a C18; C12:0, C14:0, C16:0, C18:1, 2, 3, C18:0. Assim, o biodiesel de macroalgas mostra a variação na composição de FAMEs.

Fig. 5.12. Espectro de massa do biodiesel de *Ulva lactuca* (Linn.)

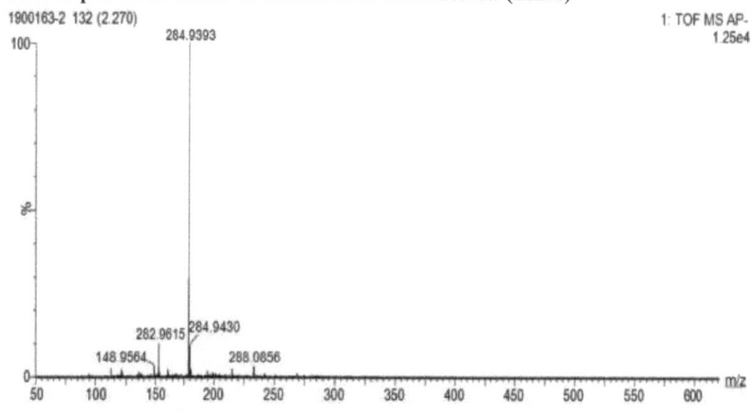

Espectro de massa 1: Ácido esteárico

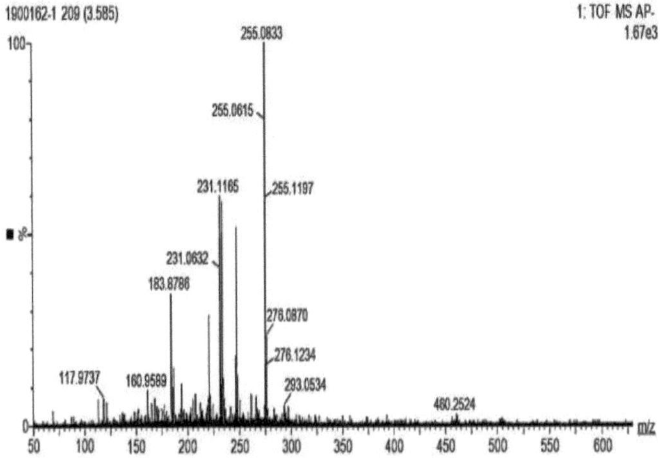

Espectro de massa 2: Ácido palmítico

Espectro de massa do biodiesel de *Ulva lactuca* (Linn.)

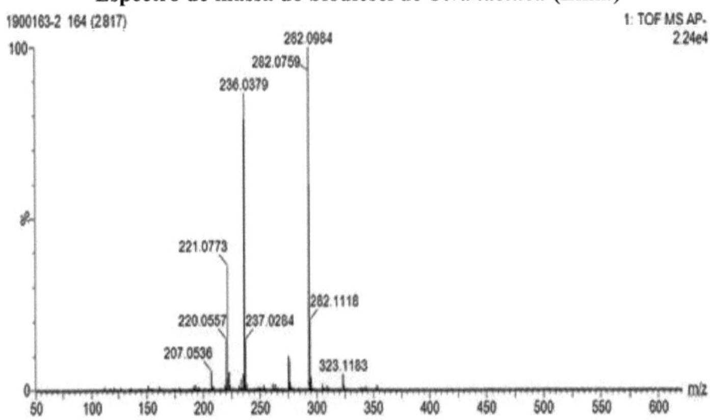

Espectro de massa 3: Ácido oleico

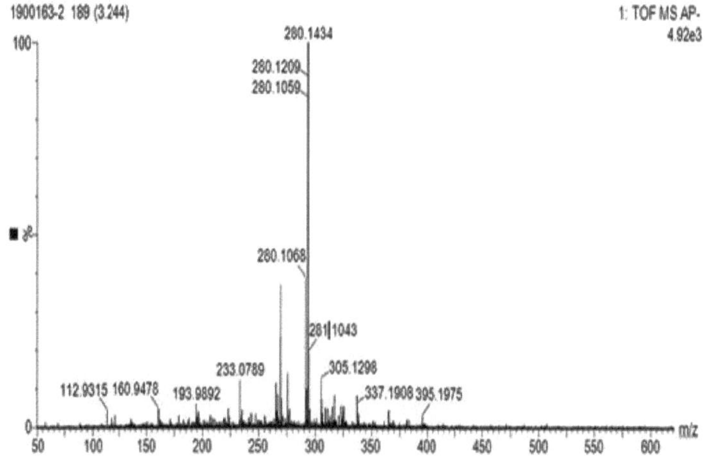

Espectro de massa 4: Ácido linólico

Espectro de massa do biodiesel de *Ulva lactuca* (Linn.)

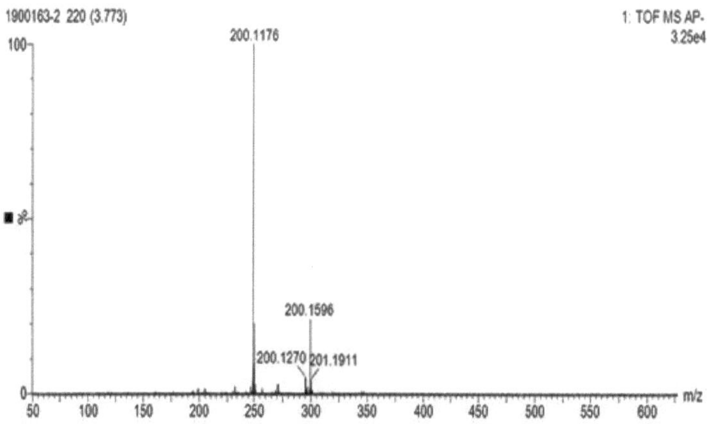

Espectro de massa 3: Ácido dodeconóico

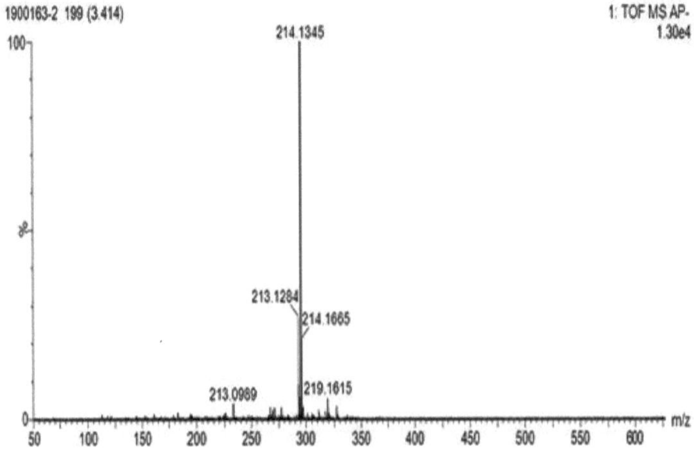

Espectro de massa 4: Ácido trideconóico

Espectro de massa do biodiesel de *Ulva lactuca* (Linn.)

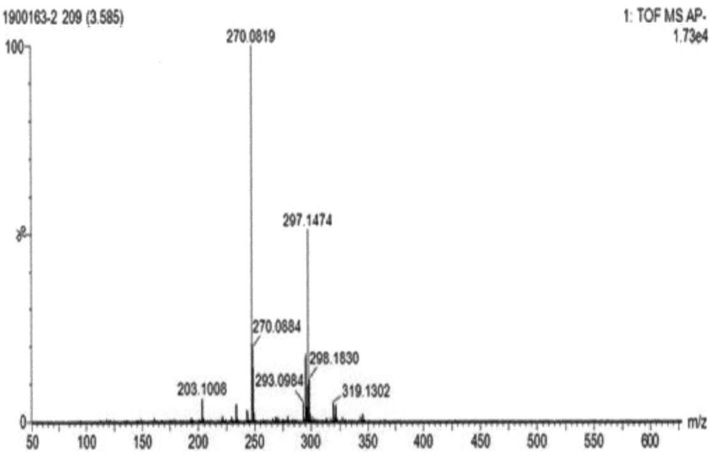

Espectro de massa 3: Ácido heptadeconóico

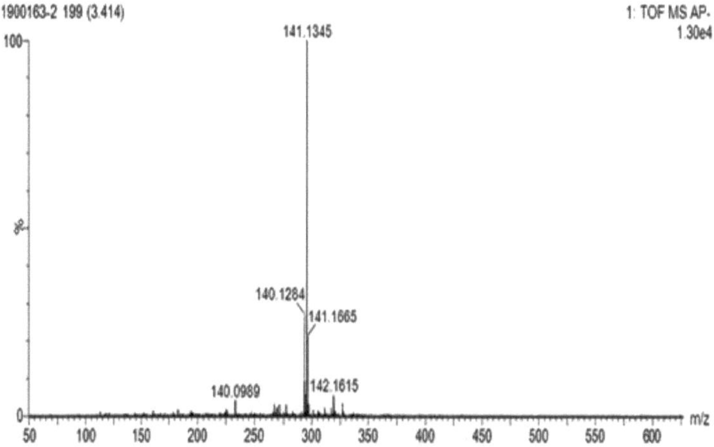

Espectro de massa 4: Ácido octanóico

Propriedades físico-químicas do biodiesel *de Chaetomorpha antennina*

As propriedades do biodiesel produzido a partir de biodiesel *de C. antennina* são comparadas com o padrão de gasóleo e apresentadas na Tabela 5.9. A densidade a 30°C foi de 0,85 g/cm^3 e a viscosidade do biodiesel a 40°C foi de 3,56 mm^2/sec, respetivamente, que se verificou estarem dentro da gama padrão. Com base nos resultados, a baixa viscosidade do biodiesel produzido indica que pode ser diretamente utilizado em motores existentes e também o valor de aquecimento ligeiramente inferior, devido à elevada percentagem de teor de oxigénio do biodiesel produzido, que não está presente no gasóleo convencional. A presença do teor de oxigénio no biodiesel produzido pode ajudar a alcançar a combustão completa. Na produção de biodiesel, o ponto de inflamação é mais elevado e é mais seguro para armazenamento e transporte. O índice de cetano do biodiesel foi de 45, o que contribui para um bom comportamento no arranque a frio e um funcionamento suave do motor. Se o combustível tiver um índice de cetano baixo, conduz a um aumento das emissões de escape devido a uma combustão incompleta. O ponto de turvação indica as propriedades de fluxo a frio do biodiesel e também uma insaturação demasiado elevada conduz a problemas de oxidação, pelo que deve ser adicionado um estabilizador para prolongar o tempo de armazenamento do biodiesel (Johnson *et al.*, 2009). O ponto de inflamação, o ponto de fluidez e o ponto de turvação do biodiesel produzido foram encontrados como 110 a 15°C e 6°C, respetivamente.

Tabela 5.9. Propriedades físico-químicas do biodiesel *de Chaetomorpha antennina* (Bory.)

Propriedades	ASTM D6751	ASTM D0975	EN 14214	Biodiesel de *C. antennina*
Densidade g/cm3	0.875 - 0.90	0.876	0.86 - 0.90	0.85
Viscosidade mm^2/sec	1.6 - 6	1.9 - 4.1	3.5 - 5	3.56
Gravidade específica	0.88	0.850	-	0.81
Ponto de inflamação °C	100 - 170	60-80	>120	110
Ponto de fluidez °C	-15 a 16	-35 a -15	-	-15
Ponto de nuvem °C	-3 a 12	-15 - 5	-	6
Índice de cetano	47 - 65	40-55	-	45

Índice de acidez mg KOH/g	<0.8	0.35	<0.5	0.20
Índice de iodo h/g	-	-	<120	88.6
Teor de cinzas %	<0.02	0.01	<0.02	-
Teor de água %	0.03	0.02	<0.05	-

O cromatograma obtido por GC-MS para o teor de lípidos em *Chaetomorpha antennina* e o quadro 19 mostram os tipos de ácidos gordos presentes em *C. antennina.*

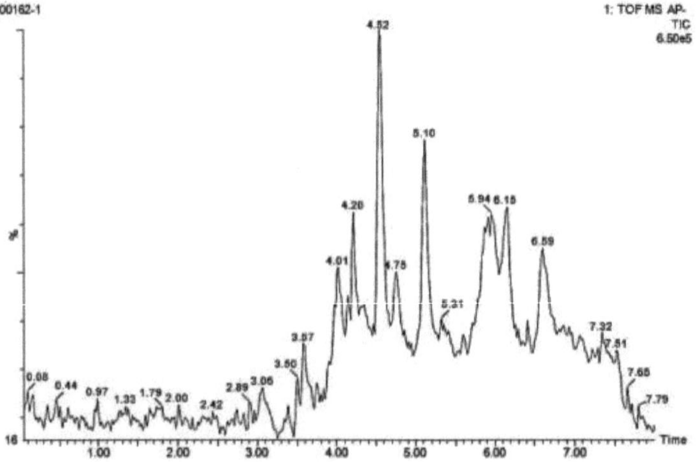

Fig. 5.13. Picos qualitativos do espetro de cromatografia gasosa de *Chaetomarpha*

biodiesel *de antennina* (Bory)

Tabela 5.10. Ácidos gordos presentes no biodiesel de *Chaetomarpha antennina* (Bory.)

Nome dos ácidos	Fórmula molecular	Peso molecular
Ácido palmítico	$C_{16}H_{32}O_2$	255
Ácido oleico	$C_{18}H_{34}O_2$	282
Ácido linólico	$C_{18}H_{32}O_2$	280
Ácido octanóico	$C_8H_{16}O_2$	144
Ácido dodeconoico	$C_{12}H_{24}O_2$	200
Ácido trideconoico	$C_{13}H_{26}O_2$	214

A C. antennina apresenta um espetro de cromatografia gasosa com os vários picos obtidos em diferentes tempos de retenção. Há seis tipos de ésteres obtidos em tempos de retenção de 16,41, 22,801, 22,721, 25,222, 27,312 e 27,760. O espetro de massa dos ésteres metílicos de ácidos gordos do combustível líquido energético é apresentado na Figura 10, respetivamente.

O biodiesel *de C. antennina* contém um teor mais elevado de éster metílico do ácido decanóico (33,21%), éster metílico do ácido hexadecanóico (20,66%), éster metílico do ácido 9-octadecenóico (18,44%), ácido octadeca-9-12-dienóico (14,61%) e éster metílico do ácido decanóico (8,21%). O biodiesel é uma mistura de ésteres metílicos de ácidos gordos saturados e insaturados. O FAME obtido variava entre C_{16} e C_{19}.

Os dados GC-MS do produto de biodiesel transesterificado de *C antennina* são comparados com o padrão e as referências. Neste caso, o biodiesel *de Jatropha* foi tomado como padrão. Sanjaykumar (2013) referiu que o biodiesel *de Jatropha* é uma das fontes de energia alternativas permissivas. A planta *Jatropha* possui uma variedade de géneros superior a 170 nas regiões tropicais e subtropicais do mundo. O seu rendimento por hectare é mais de quatro vezes superior ao da soja. As sementes de *Jatropha* contêm 20% de ácidos gordos saturados e 80% de ácidos insaturados e produzem 25-40% de óleo em peso. Devido ao seu ciclo de vida perene, *a Jatropha* é amplamente produzida. O rendimento das sementes cultivadas pode variar entre 1500-2000 kg^{-1} hectare, produzindo 540-680 l^{-1} de óleo. A conversão do óleo em biodiesel dá origem a uma mistura de ésteres metílicos de ácidos gordos saturados e insaturados.

O biodiesel *de C. antennina* consiste nos principais FAMEs C11:0, C16:0, C18:0, C18:0.

O biodiesel *de C. antennina* contém 30-38% de FAMEs saturados e 26-30,98% de FAMEs insaturados. Os resultados semelhantes foram obtidos por Patil *et al.* (2010). Pokharkar (2012) preparou e caracterizou biodiesel de semente de Undi. A conclusão do estudo mostra que o biodiesel de Undi contém FAMEs que variam entre C9 e C20. Krohn *et al.* (2010), relataram que o biodiesel de macroalgas possui FAME na gama C11 a C20; C11:0, C16:0, C18:0, C19:0. Assim, o biodiesel de macroalgas mostra a variação na composição de FAMEs. Os resultados obtidos foram comparados com o biodiesel *de Jatropha* como padrão. Sanjaykumar *et al.* (2012) referiram que o biodiesel *de pinhão-manso* contém FAME saturados e insaturados que variam entre C13 e C19. Pokharkar *et al.* (2012) investigaram a gama de FAMEs entre C8 e C23. Krohn *et al.* (2010), relataram que o biodiesel de macroalgas possui o FAME na faixa de C12 a C18. Assim, o biodiesel de macroalgas catalisado por ácido e base mostra a variação na composição de FAMEs.

A maior parte da fração lipídica é composta pelo teor de TAG, um parâmetro importante para a produção de biodiesel. Os ácidos gordos saturados (16:0) e monoinsaturados (18:1) também desempenham um papel essencial na determinação das propriedades do combustível do biodiesel, como o número de cetano, a estabilidade oxidativa e o fluxo a frio (Kaur *et al.,* 2012). Após a extração de lípidos, é importante identificar e quantificar o conteúdo lipídico para selecionar as estirpes de algas desejáveis para a sua eficiência de biocombustível (Eltgroth *et al.,* 2005). Donot *et al.* (2013) desenvolveram uma metodologia para analisar lípidos neutros através da utilização de três triglicéridos, quatro ácidos gordos livres, seis padrões de di- e quatro padrões de monoglicéridos por GC-MS.A análise GC-MS mostra que o biodiesel de Jatropha contém 92,68% de FAMEs não saturados e 7,32% de FAMEs saturados. É constituído por FAMEs na gama C13 a C19.

Os resultados mostram que o combustível líquido tem várias composições de FAME de ésteres metílicos de ácidos gordos saturados e insaturados. A *U. lactuca* e *a C. antennina* produzem FAMEs saturados e FAMEs insaturados mais elevados. O biodiesel *de Jatropha* consiste em 20% de FAMEs saturados e 80% de FAMEs insaturados. A qualidade do combustível depende diretamente da composição em ácidos gordos dos biocombustíveis. A qualidade da ignição melhora com o aumento do número de cetano e o número de cetano dos ácidos gordos aumenta com o aumento do comprimento da cadeia. Os ésteres metílicos do ácido linólico, do ácido mirístico, do ácido oleico, do ácido palmitato e do estearato de metilo têm boas propriedades de ignição.

Assim, os resultados deste estudo indicam que a *U. lactuca* e *a C. antennina* são valiosas para a produção de biodiesel.

Fig. 5.14. Espectro de massa do biodiesel de *Chaetomarpha antennina* (Bory.)

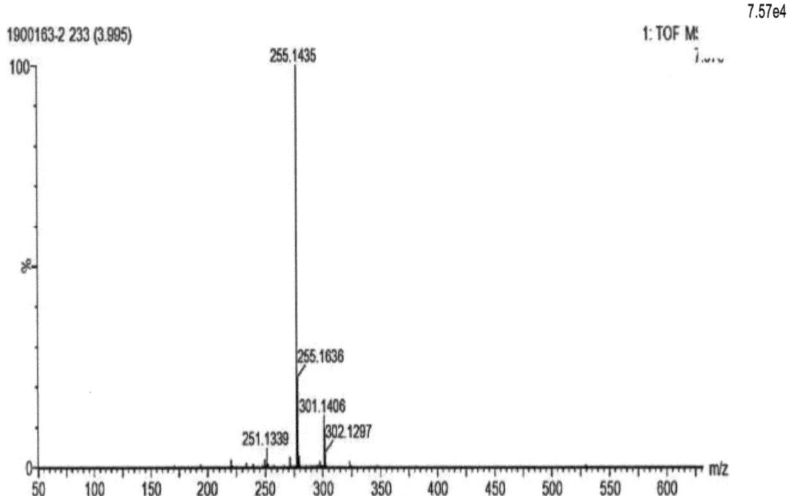

Espectro de massa 1: Ácido palmítico

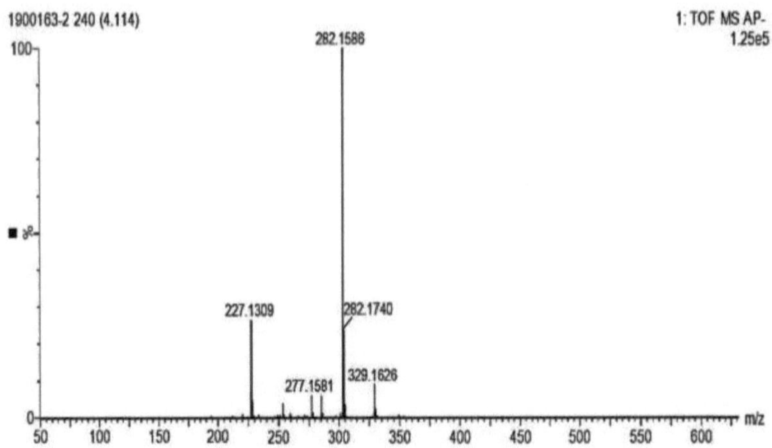

Espectro de massa 2: Ácido oleico

Espectro de massa do biodiesel de *Chaetomarpha antennina* (Bory.)

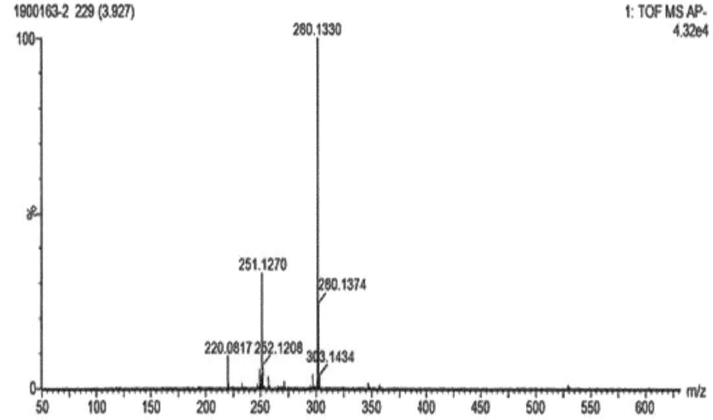

Espectro de massa 3: Ácido linólico

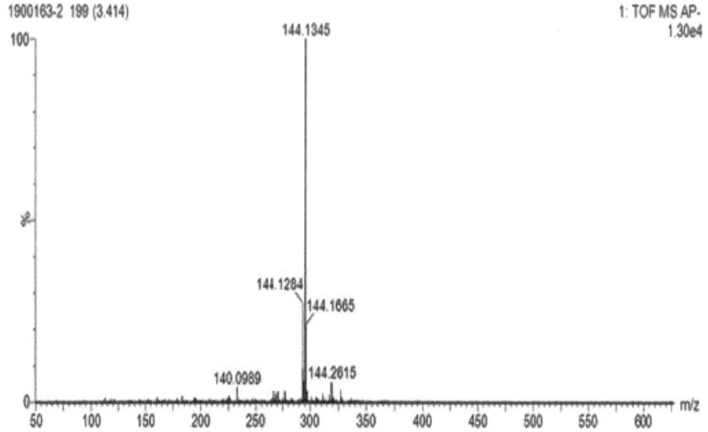

Espectro de massa 4: Ácido octanóico

Espectro de massa do biodiesel de *Chaetomarpha antennina* (Bory.)

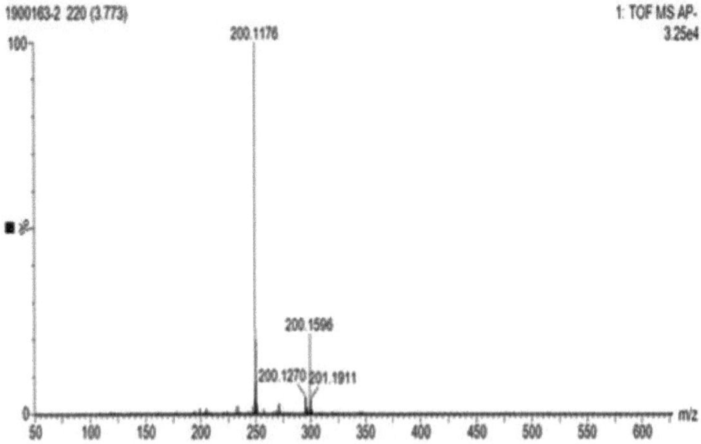

Espectro de massa 5: Ácido dodeconóico

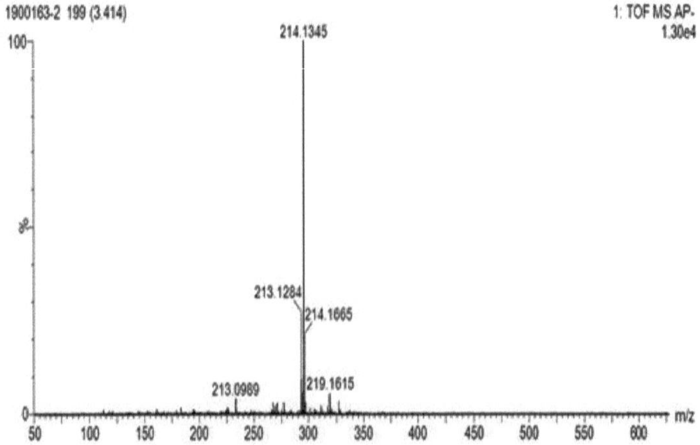

Espectro de massa 6: Ácido trideconóico

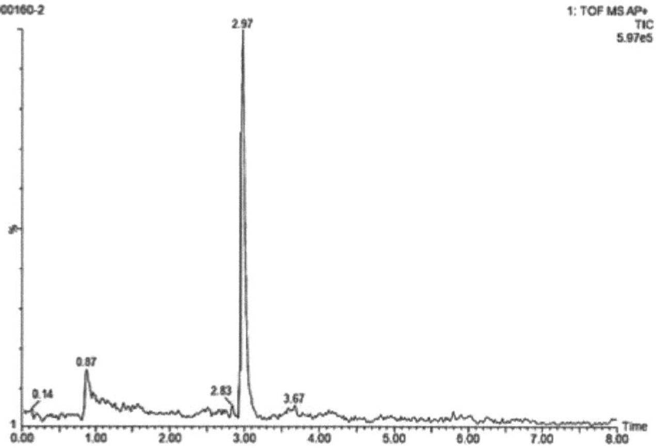

Fig. 5.15. Picos qualitativos do espetro de cromatografia gasosa do glicerol *de Ulva lactuca* (Linn.)

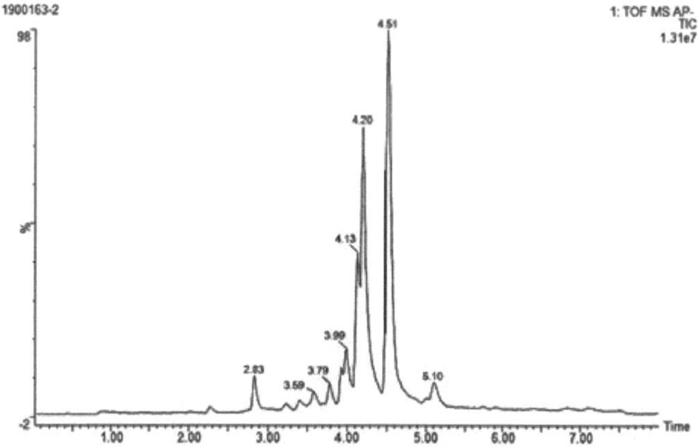

Fig. 5.16. Picos qualitativos do espetro de cromatografia gasosa do glicerol *de Chaetomarpha antennina* (Bory.)

Tabela 5.11. Análise dos hidratos de carbono presentes nas amostras

Sl.No.	**Tipo de hidratos de carbono**	*U. lactuca*	*C. antennina*
1.	Ácido glucurónico	+	-
2.	Galactose	+	+
3.	Arabinose	+	-
4.	Glicose	+	-
5.	Rhamnose	-	+
6.	Xilose	+	-
7.	Ulvan	+	+

Nota: + : Presente; - ausente

Os hidratos de carbono das algas são moléculas complexas e consistem numa mistura de açúcares neutros, amino açúcares e ácidos urónicos, variando estas composições consoante as espécies e as condições de crescimento. Os glucuronídeos são electrofílicos e funcionam em processos de toxicidade. Ligação covalente das porções agliconas de vários ácidos carboxílicos (ésteres). O ácido glucurónico, bem como o metabolito glucuronidado do biodiesel, o etil glucuronido (ETG), A galactose encontra-se em produtos lácteos, abacates, beterrabas, outras gomas e mucilagens. Também é sintetizada pelo organismo, onde faz parte de glicolípidos e glicoproteínas em vários tecidos; e é um subproduto do processo de produção de biodiesel de terceira geração (a partir de macroalgas). (Pieper *et al.*, 2012; Kapaun e Reisser, 1995; Takeda, 1991; Takeda e Hirokawa, 1978) Existe pouca informação disponível sobre as classes de hidratos de carbono presentes nas algas. Templeton *et al.* (2012) examinaram o teor de hidratos de carbono das algas utilizando GC-MS e registaram os seguintes hidratos de carbono: glucose, xilose, ramnose, galactose, fucose, arabinose, manose, ribose, mio-inositol, glucosamina, galactosamina, ácido glucorónico e ácido galacturónico.

Análise da biomassa de algas

Os picos de aminoácidos separados por GC-MS foram identificados por comparação dos valores do tempo de retenção (tR) do extrato de algas com os dos padrões dados por Slocombe *et al.* (2013). O cromatograma obtido pelo cromatograma automático GC-MS para a deteção dos tipos de aminoácidos em *U. lactuca* e *C. antennina*. A Tabela 5.12 mostra os tipos de aminoácidos presentes em *U. lactuca* e *C. antennina.*

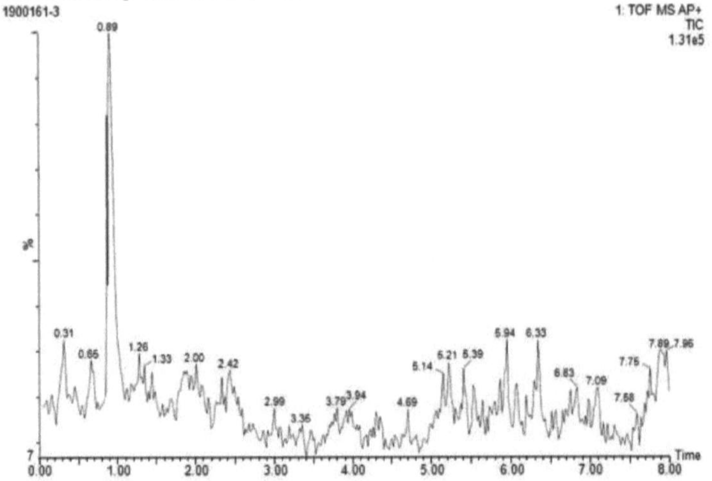

Fig. 5.17. Picos qualitativos de GC-MS da biomassa de *Ulva lactuca* (Linn.)

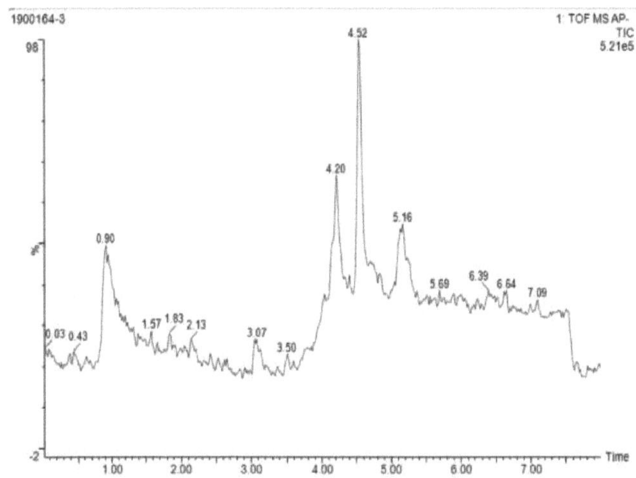

Fig. 5.18. Picos qualitativos da biomassa GC-MS *de Chaetomorpha antennina* (Bory.)

Tabela 5.12. Análise dos aminoácidos presentes na amostra

Sl.No.	Tipo de aminoácidos	*U. lactuca*	*C. antennina*
1.	Fosfoserina	+	-
2.	Ácido aspártico	+	+
3.	Ácido glutâmico	+	-
4.	Ácido amino adípico	+	-
5.	OH Prolina	-	+
6.	Pho sphoeno lamine	+	-
7.	Serina	+	+
8.	Glicina	+	+
9.	Aspargina	+	+

A proteína é uma medida valiosa na biomassa de algas. A proteína pode representar mais de metade do peso seco das algas. A medição exacta do teor de proteínas e da composição de aminoácidos é essencial para determinar a qualidade das algas (Safi *et al.,* 2013). A composição de aminoácidos das algas é talvez a determinação mais exacta da proteína (Safi *et al.,* 2013). As algas têm sido utilizadas como fertilizante em todo o mundo nas regiões costeiras, principalmente pelo seu conteúdo mineral e para aumentar a capacidade de ligação à água do solo. As espécies de algas que fixam o azoto são importantes, especialmente na cultura do arroz. Tanto as macroalgas como as microalgas podem conter compostos que promovem a germinação, o crescimento das folhas ou do caule, a floração ou podem ser utilizadas como agentes de proteção biológica contra doenças das plantas. Após a extração do óleo ou dos hidratos de carbono das algas, a maior parte dos nutrientes ainda está presente na biomassa restante. Um mercado potencial para esta biomassa rica em nutrientes é o dos biofertilizantes. O volume de mercado é grande, mas o valor de mercado é baixo. Em muitos casos, poderá ser mais económico extrair estes nutrientes para reutilização na cultura de algas. Quer a biomassa residual seja utilizada como fertilizante ou como fonte de nutrientes para a cultura de algas, a digestão anaeróbia é uma opção valiosa.

Com esta tecnologia, a biomassa não precisa de ser seca, mas pode ser diretamente introduzida no digestor anaeróbico, onde uma grande parte do carbono orgânico remanescente é convertida em biogás, enquanto os nutrientes são ainda mais concentrados na saída líquida e sólida, separados da biomassa celular e facilmente concentrados (Pulz e Gross, 2004). Outra opção com benefícios significativos em termos de sustentabilidade é a produção de fertilizante orgânico. Quando aplicados na agricultura, os nutrientes são libertados lentamente, o que beneficia o crescimento das plantas e reduz a produção microbiana de emissões de GEE. Mais importante ainda, a produção de fertilizantes químicos é intensiva em energia, com emissões relativamente elevadas de gases com efeito de estufa. Dado o aumento previsto da procura de fertilizantes nas próximas décadas, a produção de fertilizantes à base de algas mostra potencial para reduzir a utilização de fertilizantes químicos e, por conseguinte, aliviar os seus impactos ambientais negativos associados (Kondrad *et al.*, 2008).

Custos de produção de algas marinhas, de acordo com a literatura

A produção de algas marinhas na Ásia é maioritariamente cultivada, enquanto que, na Europa, provém atualmente da colheita de populações naturais de algas marinhas. Existe uma diferença significativa no custo de produção entre as algas cultivadas e as algas naturais, devido à diferença de produtividade. Exemplos importantes de sistemas de cultivo incluem as explorações de cordas, as explorações de planícies de maré e o sistema de cultivo flutuante. A Tabela 5.13 mostra a produtividade e os custos de produção das algas cultivadas em grande escala.

Tabela 5.13. Rendimentos e custos de produção de algas marinhas a partir de biomassa marinha

Sistema	Rendimento		Custo de produção S/dw MT
	Daf[1] MT/ha/ano	Seco MT/ha/ano	
Macrocystis, perto da costa	50	83	25
Laminaria/ Laminaria rope farm (offshore)	45	59	112
Ulva/Ulva, exploração de planície de maré	23	30	21
Sargassum, cultura flutuante	45	47	25

Fonte : Reith *et al.* (2009), citando Chynoweth (2002) Daf = seco e sem cinzas

O custo de produção estimado, incluindo os custos de capital e de funcionamento, varia entre 21 e 112 dólares por tonelada métrica seca. O custo de capital inclui o sistema de contenção e o sistema de colheita. O custo anual de funcionamento e manutenção consiste na manutenção da exploração e no cultivo de algas marinhas. A Figura 5.19 apresenta um processo simplificado de produção de algas marinhas.

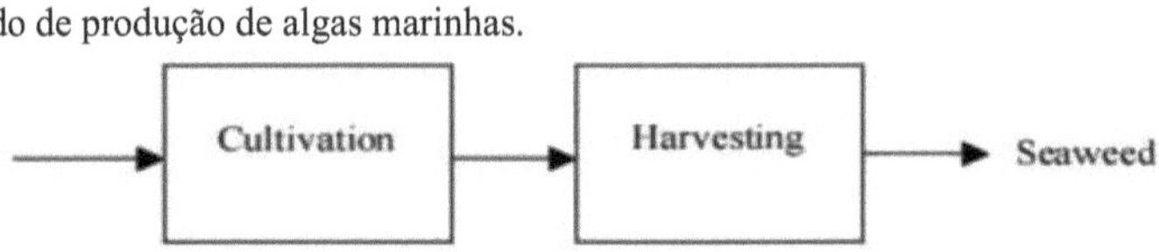

Fig. 5.19. Fluxo de blocos para o processo de produção de algas marinhas.

Como mostra a Tabela 5.13, o custo de produção diminui à medida que o rendimento de algas marinhas por unidade de área aumenta. Estes valores são, em geral, aproximados dos estimados pela Oilgae (2010), que relatou custos de produção de $ 75 e $ 150 por tonelada métrica seca em função da escala de produção (Oilgae, 2010). O custo elevado da exploração de cordas de Gracilaria/Laminaria deve-se provavelmente ao facto de se situar mais longe da costa, em comparação com a localização próxima da costa das outras explorações. No entanto, Chynoweth (2002) salienta que as comparações de produtividade não devem ser utilizadas para sugerir que uma abordagem é mais económica do que outra. Há muitos factores associados aos diferentes sistemas de produção de algas marinhas, ou seja, diferentes nutrientes, escala, clima geográfico e país de produção (muitos países asiáticos contra os da Europa). Assim, as diferenças são demasiado grandes para permitir a comparação numa condição comum.

Estimativa dos custos de produção de combustível

Os resultados da análise técnico-económica para a conversão de sistemas de algas marinhas em biodiesel são apresentados no Quadro 5.14. Os custos de produção dos produtos intermédios ou finais são estimados sem ter em conta o custo da matéria-prima. Estes custos são deduzidos dos preços médios de mercado para obter um preço máximo da matéria-prima. Todos os custos são reportados em dólares de 2018.

O caso da transformação de algas marinhas em gasolina/diesel por HTL também tem um preço máximo admissível positivo para a matéria-prima, mas é inferior ao preço atual de produção de algas marinhas, mesmo para explorações de cultivo em grande escala. Além disso, as etapas de melhoramento não são demonstradas, pelo que este caso representa o maior risco do ponto de vista tecnológico.

Tabela 5.14. Estimativa dos custos de produção de combustível

Produtos	**Gasolina/diesel**
Tecnologia principal	**HTL e atualização**
Matéria-prima, tonelada métrica seca/dia	500,000
Produtos intermédios	Bio-óleo HTL
Produtos finais	Gasolina e gasóleo
Rendimento do produto final, milhões de galões/ano	39
Custos de produção	
Algas marinhas para produto intermédio $/galão de produto final	1.50
Do produto intermédio ao produto final, $/galão de produto final	1.20
Produto final Preço médio de mercado em 2008, $/galão	2.802
Preço máximo autorizado da matéria-prima, $/tonelada métrica seca	6

Coprodução de produtos de elevado valor

Os potenciais co-produtos orgânicos das algas marinhas, como os alginatos, o manitol, a fração L, o fucoidano, as proteínas vegetais e os compostos fenólicos, têm potencial para melhorar a economia da produção de combustível. Os co-produtos inorgânicos incluem principalmente potássio e iodo (Tompkins, 1983). Se 15% das algas marinhas forem utilizadas para a coprodução de alginatos, manitol e iodo, estima-se que o custo de produção de biocombustível diminua 50 a 80% numa unidade de conversão de algas marinhas em metano (Tompkins, 1983). Partindo do princípio de que, na unidade de conversão de metano em gasolina, 15% das algas marinhas são utilizadas para os co-produtos, o custo de produção da fase de conversão de algas marinhas em metano pode ser reduzido em 60%. Por conseguinte, o preço máximo admissível da matéria-prima pode ser de cerca de 12 dólares por tonelada métrica seca, mesmo com uma baixa conversão em metano.

Foram avaliados três processos de conversão de algas marinhas em biocombustíveis líquidos. A estimativa da conversão de algas marinhas em gasolina por fermentação e MTG baseia-se na atual tecnologia existente, enquanto o etanol por fermentação e a gasolina/diesel por HTL e melhoramento se baseiam numa tecnologia potencial futura. O preço máximo da matéria-prima foi então calculado a partir dos custos de produção de combustível e variou de negativo a quase 30 dólares/tonelada métrica seca. Este valor está no limite inferior dos custos estimados de produção de algas marinhas, sugerindo que são necessárias melhorias no processamento ao longo da cadeia de abastecimento para tornar viável a produção de combustível.

6 RESUMO E CONCLUSÃO

Há uma preocupação crescente com a disponibilidade a longo prazo de fontes de energia não renováveis devido ao grande consumo de combustíveis fósseis. Além disso, é importante tomar as medidas necessárias para atenuar a redução da concentração de CO_2 na atmosfera, que contribui para o aquecimento global. Uma das melhores opções a longo prazo é o aproveitamento do poder fotossintético das macroalgas e microalgas, em que a energia do sol é convertida em biomassa e depois transformada em biodiesel. O biodiesel é um combustível de combustão limpa, renovável e biodegradável. A investigação atual tem-se centrado no rastreio de estirpes de algas como fonte potencial de biocombustíveis. O êxito comercial da produção de biocombustíveis a partir de macroalgas depende da identificação de macroalgas com elevado teor de lípidos. Quando o teor de lípidos é elevado, pode ser extraída uma maior quantidade de óleo. Uma estirpe estéril com um elevado teor de lípidos e a capacidade de responder à acumulação de lípidos em caso de carência de nutrientes e de se adaptar a alterações inevitáveis do ambiente, como a temperatura, o pH e a intensidade luminosa, seria ideal para o cultivo em grande escala para a produção de combustível.

A experiência foi iniciada com a recolha de amostras de algas da área de estudo. Foram observadas 15 espécies na amostra recolhida, pertencentes às classes Rhodophyceae (5), Chlorophyceae (5) e Phaeophyceae (5). Foram selecionadas duas espécies de algas devido à sua disponibilidade e à sua composição lipídica. As duas espécies selecionadas foram *Ulva lactuca* (Linn.) e *Chaetomorpha antennina* (Bory.) e foram cultivadas em meios enriquecidos selecionados e também em condições ambientais diferentes para obter a biomassa algal máxima das espécies de algas selecionadas.

A análise da taxa de crescimento das algas de duas estirpes (selvagem e estéril) de ambas as espécies foi avaliada em meios de Walne. A taxa de crescimento das algas *U. lactuca* e *C. antennina* de estirpe estéril em ambas as espécies foi determinada através da pesagem do peso seco da biomassa de algas.

A Ulva lactuca (Linn.) apresentou um máximo de biomassa seca, expressa em peso, para a estirpe estéril (27,00 g) e um mínimo para a estirpe selvagem (8,50 g). A taxa de crescimento notável foi observada no meio de Walne, a fase de atraso nos primeiros 3 dias, a fase de crescimento exponencial foi observada no 9º dia e a fase estacionária foi observada no 14º dia. A produtividade da biomassa de *Ulva lactuca* (Linn.) no meio de Walne foi de 27,00 g e o lípido extraído da biomassa foi de 4,242 gl^{-1} d^{-1}, tendo sido obtido um teor de lípido de 10,15%.

A *C. antennina* apresentou um peso máximo de biomassa seca para a estirpe estéril (21,01 g) e um mínimo para a estirpe selvagem (6,60 g). A taxa de crescimento notável foi observada na estirpe estéril, a fase de atraso nos primeiros 3 dias, a fase de crescimento exponencial foi observada no 14º dia e a fase estacionária foi observada no 18º dia. A produtividade da biomassa de *C. antennina* no meio de Walne foi de 25,047 gl^{-1} d^{-1} e o lípido extraído da biomassa foi de 3,5714 gl^{-1} d^{-1}, tendo sido obtido um teor de lípido de 8,85%.

O cultivo ao ar livre de *U. lactuca* mostrou um peso de biomassa seca de 50,25 g e *C. antennina* mostrou um peso de biomassa seca de 40,45 g. A fase de atraso nos primeiros 6 dias, a fase de crescimento exponencial foi observada no 6º dia e a fase estacionária foi observada no 9º dia. A produtividade da biomassa de *U. lactuca* em cultivo ao ar livre foi observada em 69 gl^{-1} d^{-1} e o lípido extraído da biomassa foi de 0,452 gl^{-1} d^{-1}, tendo sido obtido um teor de lípido de 16,85% e a produtividade da biomassa de *C. antennina* foi observada em

43,0 gl^{-1} d^{-1} e o lípido extraído da biomassa foi de 4,021 gl^{-1} d^{-1}, tendo sido obtido um teor de lípido de 10,15%.
A extração de lípidos foi feita utilizando um aparelho de soxhlet e estimou-se que a *U. lactuca* apresentou o teor mais elevado de lípidos. Dependendo do teor de lípidos colhidos, *a U. lactuca* e *a C. antennina* foram selecionadas para a extração de lípidos seguida da produção de biodiesel. Foi utilizado um aparelho de Soxhlet para extrair lípidos da massa de algas secas das espécies de algas acima mencionadas. Os lípidos extraídos de *U. lactuca* e *C. antennina* foram utilizados para a produção de biodiesel. O biodiesel é produzido através de um processo conhecido como transesterificação.
O glicerol é um subproduto da produção de biodiesel e pode ser utilizado na indústria alimentar, na indústria farmacêutica e na indústria cosmética. A quantidade de glicerol produzida utilizando os lípidos das respectivas amostras de algas foi registada e a comparação entre as duas espécies de algas mostrou que o lípido extraído de *C. antennina* era o melhor alimento para a produção de glicerol.
O exame da pureza do biodiesel mostrou que o biodiesel obtido a partir dos lípidos *de U. lactuca* tinha um aspeto límpido com uma cor amarelada e o biodiesel obtido a partir dos lípidos *de C. antennina* tinha um aspeto límpido com uma cor verde. O ponto de ebulição do biodiesel obtido a partir da *U. lactuca* foi de 150°C e o *da C. antennina* foi de 144°C, a chama ardeu moderadamente como qualquer outro gasóleo e a cor da chama foi amarela. A conclusão da reação com metanol foi observada com uma fase clara e brilhante e não foram encontradas impurezas. Na emulsificação, o biodiesel separou-se em poucos minutos em fases distintas e estas fases eram claras, ou seja, sem resíduos ou sabão. Formou duas camadas distintas que foram observadas na lavagem e não havia uma terceira camada. Não foi observado qualquer teor de água e o pH era de 7.
O biodiesel *de U. lactuca* contém um teor mais elevado de éster metílico do ácido decanóico (33,21%), éster metílico do ácido hexadecanóico (20,66%), éster metílico do ácido 9-octadecenóico (18,44%), ácido octadeca-9-12-dienóico (14,61%) e éster metílico do ácido decanóico (8,21%). O biodiesel é uma mistura de ésteres metílicos de ácidos gordos saturados e insaturados. O FAME obtido variava entre C16 e C19. O biodiesel *de U. lactuca* (Linn.) consiste nos principais FAMEs C11:0, C16:0, C18:0, C18:0. O biodiesel *de U. lactuca* (Linn.) contém 30-38% de FAMEs saturados e 26-30,98% de FAMEs insaturados.
As propriedades do biodiesel produzido a partir de *U. lactuca* correspondem ao padrão do gasóleo. A densidade a 30°C foi de 0,85 g/cm^3 e a viscosidade do biodiesel a 40°C foi de 3,56 mm^2/sec, respetivamente, o que se verificou estar dentro da gama padrão. Com base nos resultados, a baixa viscosidade do biodiesel produzido indica que pode ser diretamente utilizado em motores existentes e também o valor de aquecimento ligeiramente inferior, devido à elevada percentagem de teor de oxigénio do biodiesel produzido, que não está presente no gasóleo convencional. A presença do teor de oxigénio no biodiesel produzido pode ajudar a alcançar a combustão completa. Na produção de biodiesel, o ponto de inflamação é mais elevado e é mais seguro para armazenamento e transporte. O índice de cetano do biodiesel foi de 60, o que contribui para um bom comportamento no arranque a frio e um funcionamento suave do motor. Se o combustível tiver um índice de cetano baixo, conduz a um aumento das emissões de escape devido a uma combustão incompleta. O ponto de turvação indica as propriedades de fluxo a frio do biodiesel e também uma insaturação demasiado elevada conduz a problemas de oxidação, pelo que deve ser adicionado um estabilizador para prolongar o tempo de armazenamento do biodiesel (Johnson *et al.*, 2009). O

ponto de inflamação, o ponto de fluidez e o ponto de turvação do biodiesel produzido foram encontrados como 116°C, -11 °C e 6°C, respetivamente.

O biodiesel *de C. antennina* contém um teor mais elevado de éster metílico do ácido hexadecanóico (36,92%), éster metílico do ácido tetradecanóico (22,59%), ácido octadeca-9-12-dienóico (13,61%), éster metílico do ácido 9-octadecenóico (12,21%) e éster metílico do ácido octadecanóico (6,11%). O biodiesel é uma mistura de ésteres metílicos de ácidos gordos saturados e insaturados. O FAME obtido variava entre C15 e C18. O biodiesel *de C. antennina* consiste nos principais FAMEs C15:0, C16:0, C18:0. O biodiesel *de C. antennina* contém 20-43,5% de FAMEs saturados e 48-30,98% de FAMEs insaturados.

As propriedades do biodiesel produzido a partir de *C. antennina* correspondem ao padrão do gasóleo. A densidade a 30°C foi de 0,889 g/cm^3 e a viscosidade do biodiesel a 40°C foi de 4,9 mm^2/sec, respetivamente, o que se verificou estar dentro da gama padrão. Com base nos resultados, a baixa viscosidade do biodiesel produzido indica que pode ser diretamente utilizado em motores existentes e também o valor de aquecimento ligeiramente inferior, devido à elevada percentagem de teor de oxigénio do biodiesel produzido, que não está presente no diesel convencional. A presença do teor de oxigénio no biodiesel produzido pode ajudar a conseguir a combustão completa. Na produção de biodiesel, o ponto de inflamação é mais elevado e é mais seguro para armazenamento e transporte. O índice de cetano do biodiesel foi de 62, o que contribui para um bom comportamento no arranque a frio e um funcionamento suave do motor. Se o combustível tiver um índice de cetano baixo, conduz a um aumento das emissões de escape devido a uma combustão incompleta. O ponto de turvação indica as propriedades de fluxo a frio do biodiesel e também uma insaturação demasiado elevada conduz a problemas de oxidação, pelo que deve ser adicionado um estabilizador para prolongar o tempo de armazenamento do biodiesel (Johnson *et al.,* 2009). O ponto de inflamação, o ponto de fluidez e o ponto de turvação do biodiesel produzido foram encontrados como 132°C, -13°C e 9°C, respetivamente.

As propriedades físicas do biodiesel são muito próximas do gasóleo de petróleo. Por conseguinte, as algas podem ser utilizadas como recurso moderno de biomassa renovável para a produção de biodiesel.

Os hidratos de carbono das algas são complexos e consistem numa mistura de açúcares neutros, amino-açúcares e ácidos urónicos e estas composições variam consoante as espécies e as condições de crescimento. A análise GC-MS de *U. lactuca* e *C. Antennina* revelou a presença dos seguintes tipos de hidratos de carbono: ácido glucorónico, arabinose, xilose, glucose, ramnose, galactose, fucose, manose, mio-inositol, ribose, glucosamina e galactosamina.

Os biocombustíveis de algas são muito promissores para contribuir para a crescente procura mundial de fontes alternativas de energia renovável. No entanto, para tornar os combustíveis à base de algas competitivos em termos de custos em relação ao petróleo, as capacidades de produção de lípidos das algas têm de melhorar substancialmente e recomenda-se a utilização de fontes de nutrientes económicas alternativas para cultivar algas, a fim de reduzir significativamente os custos de produção.

Recomendações

Para obter os benefícios da tecnologia de combustível de algas, é necessária investigação atual centrada em questões biológicas fundamentais relacionadas com a regulação do metabolismo lipídico. A recolha, identificação e caraterização de algas de diferentes ambientes aquáticos deve ser um esforço contínuo. Milhares de estirpes de algas examinadas para a produção de lípidos representam apenas uma pequena parte das mais de quarenta mil espécies identificadas que estão disponíveis na natureza (Hu *et al*., 2008). A investigação centrou-se em organismos adicionais que fornecem novas perspectivas sobre os mecanismos únicos que as algas possuem para uma produção de lípidos mais eficiente. É necessária uma abordagem modificada ou nova para a extração de lípidos da biomassa de algas, o que constitui outra tarefa importante. A manipulação genética das estirpes através da engenharia metabólica representa outra estratégia promissora para a produção de óleos de algas. Uma compreensão completa dos mecanismos de controlo subjacentes à relação entre o ciclo celular e a produção de TAG permitirá a manipulação genética de estirpes de algas selecionadas que apresentem um crescimento rápido e uma acumulação de TAG em simultâneo, a fim de garantir uma produção máxima sustentável de biodiesel.

REFERÊNCIAS

Abdo, S. M., Ahmed, E., El-Enin, S. A., El-Din, R. S., El-Diwani, G. e Ali, G., 2013. Taxa de crescimento e ácidos gordos Perfil de 19 estirpes de microalgas isoladas do rio Nilo para a produção de biodiesel. J. Algal Biomass Utln., 4(4): 51-59.

Abomohra, A. E., El-Naggar, A. H. e Baeshen, A. A., 2017. Potencial das macroalgas para a produção de biodiesel: Estudos de triagem e avaliação. J. Bioscience Bioengineering, 20(2): 1-7.

Afify, A. M., Shanab, S. M. e Shalaby E. A., 2010. Melhoria da produção de biodiesel a partir de diferentes espécies de algas. Grasasy Aceites, 61: 416-422.

Ahmad, A., Yasin, N., Derek, C. e Lim, J., 2011. Microalgas como fonte de energia sustentável para a produção de biodiesel: A review. Renew. Sustain. Energy Rev., 15: 584-593.

Ahmed, A. S., Khan, S., Hamdan, S., Rahman, R., Kalam, A., Masjuki, H. H. e Mahlia, T. M. I., 2010. Produção de biodiesel a partir de macroalgas como combustível verde para motores a gasóleo. J. Energy Environ., 2(1): 1-5.

Ahmed, K., Munawar, S., Mahmood, T. e Mahmood, I., 2010. Análise bioquímica de algumas espécies de algas marinhas da zona costeira de Karachi. Fuuast J. Biol., 5(1): 43-45.

Ale, M. T., Mikkelsen, J. D. e Meyer, A. S., 2011. Resposta diferencial de crescimento de *Ulva lactuca* à assimilação de amónio e nitrato. J. Appl. Phycol., 23: 345-351.

Allen, E., Browne, J., Hynes, S. e Murphy, J., 2013. The potential of algae blooms to produce renewable gaseous fuel (O potencial da proliferação de algas para produzir combustível gasoso renovável). Gestão de Resíduos, 33: 2425-2433.

Ameka, G. K., Doamekpor, L. K., Amadu, A. A. e Amamoo, A. P., 2019. Produção de a partir de macroalgas marinhas que ocorrem no Golfo da Guiné, ao largo da costa do Gana. Ghana J. Sci., 60(1): 50-58.

Amin, S., 2009. Revisão dos processos de produção de óleo e gás para biocombustíveis a partir de microalgas. Energy Convers. Manag., 50: 1834-1840.

Annam, R. A. e Amarnath, J. D., 2011. Aplicação multifacetada de macroalgas marinhas *Sagassum myriocystum*. J. Pharmacy Res., 4: 3871-3872.

Araki, S. e Nisizawa, K., 1996. Notas sobre as classes lipídicas e a composição em ácidos gordos de *Porphyra perforata*. Fish. Sci., 62: 656-7.

Aresta, M., Dibenedetto, A. e Barberio, G., 2005. Utilização de macroalgas para melhorar a fixação de CO_2 e a produção de biocombustíveis: Desenvolvimento de software informático para um estudo de ACV. Fuel Process. Technol., 86: 1679-1693.

Aresta, M., Dibenedetto, A., Carone, M., Colonna, T. e Fragale, C., 2005. Produção de biodiesel a partir de macroalgas por extração supercrítica de CO_2 e liquefação termoquímica. Environ. Chem. Lett., 3: 136-139.

Armstrong, G. A. e Hearst, J. E., 1996. Carotenoids 2: Genetics and molecular biology of carotenoid pigment biosynthesis. FASEB J., 10: 228-237.

Ashokkumar, V., Salim, M. R., Salam, Z., Sivakumar, P., Chong, C. T., Elumalai, S. e Ani, F. N., 2017. Produção de biocombustíveis líquidos (biodiesel e bioetanol) a partir da macroalga marinha castanha *Padina tetrastromatica*. Conversão e Gestão de Energia, 135(1): 351-361.

Axelsson, M. e Gentili, F., 2014. Um método de passo único para a extração rápida de lípidos totais de microalgas verdes. Plos One, doi: 10.1371/journal.

Ballesteros, I., Negro, M. J., Oliva, J. M., Cabañas, A., Manzanares, P. e Ballesteros, M.,

2006. Produção de etanol a partir de palha de trigo pré-tratada por explosão a vapor. Appl. Biochem. Biotechnol, 129-132, 496-508.

Babar, S. M. E., Song, S. J. e Hassan, M. N., 2007. Otimização do desenho experimental da separação por eletroforese capilar da leucina encefalina e do seu imunocomplexo. J. Sep. Sci., 30: 2311-2319.

Balu, M., Lingadurai, K., Shanmugam, P., Raja, K., Teja, N. B. e Vijayan, V., 2020. Produção de biodiesel a partir de óleo *de Caulerpa racemosa* (macroalgas). Indian J. Geo Marine Sci., 49(4): 616-621.

Bamane, S., Gondhalekar, S. e More, K., 2013. Estudo da diversidade do fitoplâncton e parâmetros físico-químicos do lago Upvan, Thane, Maharashtra, Índia; Conferência Nacional sobre Biodiversidade: Estado e Desafio na Conservação - FAVEO.

Bangboyc, A. I. e Hansen, A. C., 2008. Previsão do número de cetano do combustível biodiesel a partir da composição de ésteres metílicos de ácidos gordos (FAME). International Agrophysics, 22: 21-29.

Barbot, Y. N., Al-Ghaili, H. e Benz, R., 2016. Uma revisão sobre a valorização de resíduos de macroalgas para a produção de biometano. Marine Drugs, 14: 120.

Barnwal, B. K. e Sharma, M. P., 2005. Prospects of biodiesel production from vegetable oils in India (Perspectivas de produção de biodiesel a partir de óleos vegetais na Índia). Renew. Sust. Energy Rev., 9: 363-378.

Barnwal, B., e Sharma, M., 2005. Perspectivas de produção de biodiesel a partir de óleos vegetais na Índia. Renewable Sustainable Energy Rev., 9: 363.

Barsanti, L. e Gualtieri, P., 2005. Algae: Anatomy, Biochemistry, and Biotechnology. 1st ed., CRC Press, Boca Raton, FL, EUA.

Basha, S. A., Gopal, K. R. e Jebaraj, S., 2009. Uma revisão sobre a produção, combustão, emissão e desempenho do biodiesel. Ren. Sustain. Energy Rev., 13: 1628-1634.

Basha, S., Murthy, Z. V. P. e Jha, B., 2007. Biosorção de crómio hexavalente por algas marinhas quimicamente modificadas, *Cystoseira indica*. Chem. Eng. J., 137: 480-488

Becker, E. W., 2007. Microalgas como fonte de proteínas. Biotechnol. Adv., 25: 207-210.

Ben-Amotz, A., Tornabene, T. G. e Thomas, W. H., 1985. Perfil químico de espécies selecionadas de microalgas com ênfase nos lípidos. J. Phycol., 21: 72-81.

Benemann, J. R. e Oswald, W. J., 1996. Systems and economic analysis of microalgae ponds for conversion of CO_2 to biomass (Análise económica e de sistemas de tanques de microalgas para conversão de CO_2 em biomassa). Universidade da Califórnia, Berkeley.

Berchmans, H. J. e Hirata, S., 2008. Produção de biodiesel a partir de óleo de sementes *de Jatropha curcas* L. em bruto com um elevado teor de ácidos gordos livres. Biores. Technol., 99: 1716-1721.

Bhattacharya, D. e Medlin, L., 1998. Algal phylogeny and the origin of land plants. Plant Physiol, 116: 9-15.

Bhosale, L. J., Dhumal, S. N. e Sabale, A. B., 2010. Variações sazonais na ocorrência de fitoplâncton e produtividade primária de alguns lagos selecionados em Maharashtra. The Bioscan, 2: 569-578.

Bischoff, H. W. e Bold, H. C., 1963. Estudos Ficológicos. IV. Some Soil Algae fromEnhanced Rock and Related Species. Publicações da Universidade de Texax, 1-95.

Blanchemain, A. e Grizeau, D., 1996. Teor de ácido eicosapentaenóico de *Skeletonema costatum* em função da irradiância de crescimento; relação com o teor de clorofila a e a capacidade fotossintética. J. Exp. Marine Biology Ecol., 196: 177-18.

Bligh, E. G. e Dyer, W. J., 1959. Um método rápido de extração e purificação de lípidos totais. Can. J. Biochem. Physiol. Pharmacol., 37: 911-917.
Bolton, J. J., 1994. Global seaweed diversity: patterns and anomalies. Bot. Mar., 37: 241.
Bolton, J. J., Oyieke, H. A. e Gwada, P., 2007. The seaweeds of Kenya: check list, history of seaweed study, coastal environment, and analysis of seaweed diversity and biogeography. S. Afr. J. Bot., 73: 76-88.
Borchardt, J. A. e Azad, H. S., 1968. Extração biológica de nutrientes. J. Water Pollut. Control Fed., 40: 1739-1754.
Borodin, V. B., 2008. Effect of red and blue light on acclimation of *Chlamydomonas reinhardtii* to CO2-limiting conditions. Rus. J. Plant Physiol, 55: 441-448.
Borowitzka, L. J. e Borowitzka, M. A., 1990. Produção comercial de caroteno por Dunaliella salina em tanques abertos. Bull. Mar. Sci., 47: 244-252.
Borowitzka, M. A., Huisman, J. M. e Osborn, A., 1991. Cultura da alga verde produtora de astaxantina *Haematococcus pluvialis*, Efeitos dos nutrientes no crescimento e no tipo de células. J. Appl. Phycol., 3: 295-304.
Bowman, M., Hilligoss, D., Rasmussen, S. e Thomas, R., 2006. Biodiesel: A Renewable and Biodegradable Fuel. Hydrocarbon Processing, 103-106.
Boyce, A. N., Chowd-Hury, P. e Naqiuddin, M., 2008. Produção de biodiesel a partir de algas como energia renovável. Am. J. Biochem. Biotechnol, 4: 250-254.
Brennan, L. e Owende, P., 2010. Biofuels from Microalgae - Review of Technologies for Production, Processing, Extractions of Biofuels and Co-Products. Renew. Sustain. Energ. Rev., 14: 557-577.
Briggs, M., 2004. Produção de Biodiesel em larga escala a partir de Algas. Boletim de Energia, 3.
Brown, L. M. e Zeiler, K. G., 1993. Biomassa aquática e captura de dióxido de carbono. Energy Conversion Management, 34(9-11): 1005-1013.
Bruhn, A., Dahl, J., Nielsen, H. B., Nikolaisen, L., Rasmussen, M. B., Markager, S., Olesen, B., Arias, C. e Jensen, P. D., 2011. A sementeira e o cultivo de uma espécie tropical de Ulva filamentosa para a produção de biomassa de algas. PLoS One, 9: e98700.
Bruton, T., Lyons, H., Lerat, Y., Stanley, M. e Rasmussen, M. B., 2009. A review of the potential of marine algae as a source of biofuel in Ireland (Relatório publicado pela Autoridade para a Energia Sustentável da Irlanda). SEI, Sustainable Energy Ireland, Dublin. http://www.seai.ie/Publications/Renewables_Publications_/Bioenergy/ Algaereport.pdf
Burtin, P., 2003. Valor nutricional das algas marinhas. Electron. J. Env. Agric. Food Chem., 2: 498-503.
Buschmann, A. H., Hernandez-Gonzalez, M. D. e Varela, D., 2008. Cultivo futuro de algas marinhas no Chile: Perspectivas e desafios. Int. J. Environ. Pollut., 33(4): 432-456.
Buschmann, A. H., Hernandez-Gonzalez, M. D., Astudillo, C., La-Fuente, L. D., Gutierrez e Aroca, G., 2005. Cultivo de algas marinhas, desenvolvimento de produtos e estudos integrados de aquacultura no Chile. World Aquaculture, 36(3): 1-2.
Buschmann, A. H., Westermeier, R. e Retamales, C. A., 1995. Cultivo de *Gracilaria* no fundo do mar no sul do Chile - uma revisão. J. Appl. Phycol., 7(3): 291-301.
Butterfield, N. J., 2000. *Bangiomorpha pubescens* n. Gen., n. sp.: implications for the evolution of sex, multicellularity and the mesoproterozoic/ neoproterozoic radiation of eukaryotes. Paleobiologia, 26: 386-404.
Cancela, A., Maceiras, R., Urrejola, S. e Sanchez, A., 2012. Transesterificação de macroalgas

assistida por micro-ondas. Energias, 5: 862-871.

Cardoso, C., Ripol, A. e Afonso, C., 2017. Perfis de ácidos gordos das principais classes lipídicas de algas verdes provenientes de aquacultura em viveiros de peixes. Food Sci. Nutr., 5: 1186-1194.

Carlsson, A. S., van Beilen, J. B., Möller, R. e Clayton, D., 2007. Micro- and macro algae: utility for industrial applications. Outputs from the EPOBIO Project, http://www.biofuelstp.eu/downloads/epobio_aquatic_report.pdf.

Chaichalerm, S., Pokethitiyook, P., Yuan, W., Meetam, M., Sritong, K., Pugkaew, W., Kungvansaichol, K., Kruatrachue, M. e Damrongphol, P., 2012. Cultura de estirpes de microalgas isoladas de habitats naturais na Tailândia em vários meios enriquecidos. Appl. Energy, 89: 296-302.

Chang, R. L., Ghamsari, L., Manichaikul, A., Hom, E. F., Balaji, S., Fu, W., Shen, Y., Hao, T., Palsson, B. 0. e Salehi-Ashtiani, K., 2011. A reconstrução da rede metabólica de *Chlamydomonas* oferece uma visão sobre o metabolismo de algas impulsionado pela luz. Mol. Syst. Biol., 7, doi:10.1038/msb.2011.52.

Chen, C. Y. e Durbin, E. G., 1994. Effects of pH on the growth and carbon uptake of marine phytoplankton. Mar. Ecol.-Prog. Ser., 109: 83-94.

Chen, C. Y., Yeh, K. L., Aisyah, R., Lee, D. J. e Chang, J. S., 2011. Cultivo, conceção de fotobiorreactores e colheita de microalgas para a produção de biodiesel: Uma revisão crítica. Bioresour. Technol., 102: 71-81.

Chen, F. e Zhang, Y., 1997. Cultura mixotrófica de alta densidade celular de Spirulina platensis em glucose para a produção de ficocianina utilizando um sistema de lotes alimentados. Enzyme Microb. Technol., 20: 221-224.

Chen, G., Long, Q., Li, X. Y., Hu, M. L., Yan, P. e Wang, Z., 2015. Efeitos do pH na fotossíntese e nos caracteres de fluorescência da clorofila em *Ceratophyllum demersum* L. Jornal da Universidade de Yangzhou (Edição de Ciências Agrárias e da Vida), 36(1): 65-71.

Chen, H., Zhou, D., Luo, G., Zhang, S. e Chen, J., 2015. Macroalgas para a produção de biocombustíveis: Progress and perspectives. Renewable and Sustainable Energy Reviews, 47: 427-437.

Cherian, K. J. e Tarar J. L., 2012. Algas do solo de culturas do distrito de Amravati, estado de Maharashtra. Bionano Frontier, 5(2-II).

Chi, Y. X., Wang, L. M., Luan, R. X. e Wang, H. W., 2009. *Chaetomorpha valida*, uma nova espécie de alga verde registada no género *Chaetomorpha* Kützing na China. Ciência das Pescas, 28: 162-163.

Chisti, Y., 2007. Biodiesel from microalgae. Biotechnology Advances, 25: 294-306.

Chisti, Y., 2013. Restrições à comercialização de combustíveis de algas. J. Biotechnol, 167: 201-214.

Chojnacka, K. e Noworyta, A., 2004. Avaliação do crescimento de *Spirulina* sp. em culturas fotoautotróficas, heterotróficas e mixotróficas. Enzyme and Microbial Technology, 34: 461-465.

Chopra, A., Tewari, A. K., Vatsala, S., Kumar, R., Sarpal, A. S. e Basu, B., 2011. Determinação de ésteres gordos poli-insaturados (PUFA) em biodiesel por GC/GC-MS e técnicas 1 H-NMR. J. Am. Oil Chem. Soc., 88: 1285-96.

Christi, Y., 2007. Biodiesel de Microalgas. Biotechnol. Adv., 25: 294-306.

Clayton, M. N. e King, R. J., 1990. Biology of Marine Plants. Longman Publishing Group, Southbank, p. 501.

Clayton, M., 2004. New Coal Plants Bury 'Kyoto'. Christian Science Monitor, 23.

Cock, J. M., Sterck, L., Rouze, P., Scornet, D., Allen, A. E., Amoutzias, G., Anthouard, V., Artiguenave, F., Aury, J. M. e Badger, J. H., 2010. O genoma *de Ectocarpus* e a evolução independente da multicelularidade em algas castanhas. Nature, 465: 617-621.

Cohen, Z., 1999. *Porphyridium cruentum*. Em Chemicals from Microalgae; Cohen, Z., Ed.; CRC Press: Boca Raton, FL, EUA, pp. 1-24.

Cohen, Z., Vonshak, A. e Richmond, A., 1988. Efeitos das condições ambientais na composição de ácidos gordos da alga vermelha *Porphyridium cruentum*: Correlação com a taxa de crescimento. J. Phycol., 24: 328-332.

Coleman, J. R. e Colman, B., 2013. Acumulação de carbono inorgânico e fotossíntese numa alga azul-verde em função do pH externo. Plant Physiol, 67: 917-921.

Converti, A., Casazza, A. A., Ortiz, E. Y., Perego, P. e delBorghi, M., 2009. Efeito da temperatura e da concentração de azoto no crescimento e no teor lipídico de *Nannochloropsis oculata* e Chlorella vulgaris para a produção de biodiesel. Chem. Eng. Process., 48: 1146-1151.

Crookes, R. J., 2006. Desempenho comparativo de biocombustíveis em motores de combustão interna. Biomassa e Bioenergia, 30: 461-468.

Dahlia, M., El-Maghraby e Fakhry, E. M., 2015. Conteúdo lipídico e composição de ácidos gordos das macroalgas mediterrânicas como factores dinâmicos para a produção de biodiesel. Oceanologia, 57: 86-92.

Dalal, I. P., Nisal, R. S. e Dhabarde, P. F., 2012. Biodiversidade de algas de água doce do reservatório de água de Mahakali do distrito de Wardha do estado de Maharashtra, Índia. Bionano Frontier, 5(2-II).

Dalal, L. P. e Nisal, R. S., 2012. Diversidade de algas de água doce da barragem de Mahakali, Wardha, Maharashtra Índia. Jornal Asiático de Recursos Biotecnológicos, 3(10): 1479-1482.

Dalvi, S. N., Funde, P. E., Pokharkar, R. D. e Mohite, K. C., 2009. Efeito da concentração de KOH, H_2O, temp na reação de transesterificação *in-situ* de *Sesbania sesban, Capparis deciduas* Seed. Renewable Energy and Power Quality Journal, 7: 22.

Dalvi, S. N., Sonawane, S. R. e Pokharkar, R. D., 2012. Preparação de biodiesel de semente de Undi com transesterificação *in-situ*. Leonardo Electronic Journal of Practices and Technologies, 20: 175-182.

Dande, J. S., 2013. Em alguns Chlorococcales do lago Hartala, distrito de Jalgaon, Maharashtra. Revista Internacional de Pesquisa Científica Recente, 4(2): 135-138.

Darley, W. M., 1982. Algal Biology: A Physiological Approach. Blackwell: Oxford, Reino Unido, 9: 1-168.

Daroch, M., Geng, S. e Wang, G., 2013. Recent advances in liquid biofuel production from algal feedstocks (Avanços recentes na produção de biocombustíveis líquidos a partir de matérias-primas de algas). Appl. Energy, 102: 1371-81.

Darzins, A., Pienkos, P. e Edye, L., 2010. Situação atual e potencial para a produção de biocombustíveis de algas. A Report to IEA Bioenergy Task, Vol. 39.

Dawczynski, C. H., Schubert, R. e Jahreis, G., 2007. Aminoácidos, ácidos gordos e fibras alimentares em produtos de algas marinhas comestíveis. Food Chem, 103: 891-899.

Dayananda, C., Sarada, R., Kumar, V. e Ravishankar, G. A., 2007. Isolamento e caraterização da alga verde produtora de hidrocarbonetos *Botryococcus braunii* de massas de água doce indianas. Revista Eletrónica de Biotecnologia, 10(15): 78-91.

Debusk, T., Blakeslee, M. e Ryther, J., 1986. Studies on the outdoor cultivation of *Ulva*

lactuca L. Botanica Marina, 29: 381-386.
Dellatorrea, F.G., Avarob, M. G., Commendatorec, M. G., Arceb, L., Goecke, F., Hernández, V., Bittner, M., González, M., Becerral, J. e Silva, M., 2010. Composição de ácidos gordos de três espécies de Codium (Bryopsidales, Chlorophyta) no Chile. Revista de Biología Marina y Oceanografía, 45(2): 325-330.
Demirbas, A. 2010. Utilização de algas como fontes de biocombustível. Energy Convers. Manag., 51: 2738-2749.
Demirbas, A. e Demirbas, F. M., 2010. Importância do óleo de algas como fonte de biodiesel. Energy Conversion and Management, doi:10.1016/j.enconman.2010. 06.055.
Demirbas, A. e Demirbas, M. F., 2010. Algae energy - Algae as a new source of biodiesel. Springer-Verlag, Londres, Reino Unido.
Demirbas, A., 2007. Importância do biodiesel como combustível para transportes. Política Energética, 35: 4661-4670.
Deng, G., Li, Y. G., Hu, H. Y., Qi, Y. Z., Geng, Y. H. e Li, Z. K., 2004. Efeitos da temperatura, luz e pH na fotossíntese, e do ciclo claro-escuro na taxa de crescimento e biomassa de *Scrippsiella trochoidea* e *Alexandrium tamarense*. Journal of Wuhan Botanical Research, 22(2): 129-135.
Deng, X., Li, Y. e Fei, X., 2009. Microalgas: A promising feedstock for biodiesel. Afr. J. Microbiol. Res., 3: 1008-1014.
Deng, Y. Y., Tang, X. R., Huang, B. X. e Ding, L., 2012. Efeito da temperatura e da irradiância no crescimento e reprodução da macroalga verde, *Chaetomorpha valida* (Cladophoraceae, Chlorophyta). J. Appl. Phycol., 24(4): 927-933.
Deshmukh B. S., 2012. Estudo hidrobiológico do rio Pravara no distrito de Ahmednagar (Maharashtra), Bionano Frontier. Eco Revolution, Colombo- Shrilanka.
Deshmukh, D. V. e Puranik, P. R., 2014. Estudo dos potenciais antioxidantes de cianobactérias alcalifílicas isoladas do lago Lonar, Índia. IJP, 1(2): 1-5.
Desikachachary, T. V., 1986. J. Indian Bot. Soc., 25: 11.
Dhamak, R. M., Tilekar, B. B., Ghadage, M. K., Theurkar, S. V. e Patil, S. B., 2013. Variação do fitoplâncton em relação aos estudos ictiofaunais da barragem de Bhandardara, MS, Índia. Res. J. Animal, Veterinary & Fishery Sci., 1(2): 7-8.
Dhore, M., Dhore, M. e Dabhadkar, D., 2012. Impacto ambiental das macrófitas em alguns corpos de água doce no distrito de Washim, estado de Maharashtra, Índia. Int. J. Sci. Res., 2(2): 1-2.
Du, Z., Li, Y., Wang, X., Wan, Y., Chen, Q., Wang, C., Lin, X., Liu, Y., Chen, P. e Ruan, R., 2011. Pirólise de microalgas assistida por micro-ondas para a produção de biocombustível. Bioresour. Technol., 102: 4890-4896.
Duan, P., Jin, B., Xu, Y., Yang, Y., Bai, X., Wang, F., Zhang, L. e Miao, J., 2013. Conversão termoquímica de *Chlorella pyrenoidosa* em biocombustíveis líquidos. Bioresour. Technol., 133: 197-205.
Dubinsky, Z., Matsukawa, R. e Karube, I., 1995. Aspectos fotobiológicos da cultura em massa de algas. J. Mar. Biotechnol., 2: 61-65.
Durga, M. M. e Ramachandra, T. V., 2013. Biocombustível de algas: lípido abundante de *Chlorococcum* sp. proliferando em águas residuais municipais. Ciência Atual, 105(1): 47-55.
El-Moneim A., Afify, M. R., Shalaby, E. A. e Shanab, S. M. M., 2010. Melhoria da produção de biodiesel a partir de diferentes espécies de algas. 2010grasas y aceites, 61 (4), octubre-diciembre, 416-422.

Emerson, R. e Lewis, C. M., 1943. The dependence of the quantum yield of Chlorella photosynthesis on wave lengthhth of light. Am. J. Bot., 30: 165-178.
Emerson, R., Stauffer, J. e Umbreit, W., 1944. Relações entre fosforilação e fotossíntese em *Chlorella*. Am. J. Bot., 31: 107-120.
Eshaq, F. S., Ali, M. N. e Mohd, M. K., 2010. A biomassa de Spirogyra é uma fonte renovável para a produção de biocombustível (bioetanol). Int. J. Eng. Sci. Technol., 2: 7045-7054.
Fabregas, J., Abalde, J., Herrero, C., Cabezas, B. e Veiga, M., 1984. Crescimento da microalga marinha *Tetraselmis suecica* em culturas descontínuas com diferentes salinidades e concentrações de nutrientes. Aquaculture, 42: 207-215.
Fábregas, J., Maseda, A., Domínguez, A. e Otero, A., 2004. A composição celular de *Nannochloropsis* sp. muda sob diferentes irradiâncias em cultura semicontínua. World J. Microbiol. Biotechnol., 20: 31-35.
Fleurence, J., Chenard, E. e Lucon, M., 1999. Determinação do valor nutricional das proteínas obtidas de *Ulva armoricana*. J. Appl. Phycol., 11: 231-239.
Fleurence, J., Gutbier, G., Mabeau, S. e Leray, C., 1994. Ácidos gordos de 11 macroalgas marinhas da costa francesa da Bretanha. J. Appl. Phycol., 6: 527-532.
Fogg, G., 1956. Fotossíntese e formação de gorduras numa diatomácea. Ann. Bot., 20: 265-285.
Folch, J., Lees, M. e Stanley, G. H. S., 1957. Um método simples para o isolamento e a purificação de lípidos totais de tecidos animais. J. Biol. Chem., 226: 497-50.
Organização das Nações Unidas para a Alimentação e a Agricultura, 2010. Algae-based Biofuels: A Review of Challenges and Opportunities for Developing Countries.
Fritsch, F. E., 1935. The Structure and Reproduction of Algae. Vol. 1, Cambridge Univ. Press.
Fuggi, A., Pinto, G., Pollio, A. e Taddei, R., 1988. O papel do glicerol na osmorregulação da alga acidófila *Dunaliella acidophila* (Volvocales, Chlorophyta): Efeito do stress de soluto na fotossíntese, respiração e síntese de glicerol. Phycologia, 27: 439-446.
Fujita, R. M., Wheeler, P. A. e Edwards, R. L. 1988. Regulação metabólica da absorção de amoníaco por *Ulva rigida* (Chlorophyta): A compartmental analysis of the rate limiting step for uptake. J. Phycol, 24: 560-566.
Fule, U. W., Nimgare, S. S., Telkhede, P. M. e Zade, S. B., 2012. Diversidade do fitoplâncton no reservatório de Nal-Damayanti (Simbhora), Morshi. Dist. Amravati, Maharashtra, Índia. Bionano Frontier, 5(2-I): 2-8.
Gao, K. 1991. Efeitos da velocidade da corrente da água do mar na evolução do oxigénio fotossintético de Sargassum thunbergii (Phaeophyta). J. Phycol. japonês, 39: 291-293.
Gao, K. e Zheng, Y., 2010. Efeitos combinados da acidificação dos oceanos e da radiação solar UV na fotossíntese, crescimento, pigmentação e calcificação da alga coralina *Corallina sessilis* (Rhodophyta). Global Change Biology, 16: 2388-2398.
Gao, K., Aruga, Y., Asada, K., Ishihara, T., Akano, T. e Kiyohara, M., 1991. Crescimento melhorado da alga vermelha Porphyra yezoensis Ueda em concentrações elevadas de CO_2. J. Appl. Phycol., 3: 355-362.
Gao, K., Aruga, Y., Asada, K., Ishihara, T., Akano, T. e Kiyohara, M., 1992a. Aumento da fixação fotossintética de CO_2 da alga vermelha *Porphyra yezoensis* Ueda em água do mar corrente. Japense J. Phycol., 40: 397-400.
Gao, K., Aruga, Y., Asada, K., Ishihara, T., Akano, T. e Kiyohara, M., 1992b. Fotorrespiração

e fixação de CO_2 na alga vermelha *Porphyra yezoensis* Ueda. Japense J. Phycol., 40: 373-377.
Gao, K., Aruga, Y., Asada, K., Ishihara, T., Akano, T. e Kiyohara, M., 1993. Calcificação na alga coralina articulada *Corallina pilulifera*, com especial referência ao efeito da concentração elevada de CO_2. Biologia Marinha, 117: 129-132.
Gao, S., Chen, X., Yi, Q., Wang, G., Pan, G., Lin, A. e Peng, G., 2010. Uma estratégia para a proliferação de *Ulva prolifera*, principal espécie causadora de marés verdes, com formação de esporângios por fragmentação. PLoS One, 5: e8571.
Gao, S., Shen, S., Wang, G., Niu, J., Lin, A. e Pan, G., 2011. O fluxo cíclico de electrões impulsionado pelo PSI permite que a macroalga intertidal *Ulva* sp. (Chlorophyta) sobreviva em condições de dessecação. Pl. Cell Physiol, 52: 885-893.
Garces, R. e Mancha, M., 1993. Extração de lípidos numa só etapa e preparação de ésteres metílicos de ácidos gordos a partir de tecidos vegetais frescos. Anal. Biochem, 211: 139-143.
García-Poza, S., Leandro, A., Cotas, C., Cotas, J., Marques, C., Pereira, L. e Gonçalves, A. M. M., 2000. Revisão do percurso evolutivo da aquacultura de algas marinhas: Tecnologias de Cultivo e a Indústria 4.0. Int. J. Environ. Res. Saúde Pública, 17: 6528.
Gehl, K. A. e Colman, B., 1985. Efeito do pH externo sobre o pH interno de *Chlorella saccharophila*. Plant Physiol, 77: 917-921.
Gelfand, I., Sahajpal, R., Zhang, X., Izaurralde, R. C., Gross, K. L. e Robertson, G. P., 2013. Produção sustentável de bioenergia a partir de terras marginais no Centro-Oeste dos EUA. Nature, 493: 514-517.
Georgianna, D. R. e Mayfield, S. P., 2012. Explorando a diversidade e a biologia sintética para a produção de biocombustíveis de algas. Nature, 488: 329-335.
Ghadiryanfar, M., Rosentrater, K. A., Keyhani, A. e Omid, M., 2016. Uma revisão da produção de macroalgas, com potenciais aplicações em biocombustíveis e bioenergia. Renewable and Sustainable Energy Reviews, 54: 473-481.
Goldemberg, J., Coelho, S. T. e Guardabassi, P., 2008. A sustentabilidade da produção de etanol a partir da cana-de-açúcar. Política Energética, 36: 2086-2097.
Goldman, J. C., 1973. Carta: Dióxido de carbono e pH: Efeito na sucessão de espécies de algas. Science, 182: 306-307.
Goldman, J. C., Azov, Y., Riley, C. B. e Dennett, M. R., 1982. O efeito do pH em culturas intensivas de microalgas. I. regulação da biomassa. J. Exp. Mar. Biol. Ecol., 57: 1-13.
Gordillo, F. J. L., Goutx, M., Figueroa, F. L. e Niell, F. X., 1998. Efeitos da intensidade da luz, CO_2 e fornecimento de azoto na composição da classe lipídica de *Dunaliella viridis*. J. Appl. Phycol., 10: 135-144.
Gordillo, F. J. L., Jiménez, C., Figueroa, F. L. e Niell, F. X., 1998. Efeitos do aumento do CO_2 atmosférico e do fornecimento de N na fotossíntese, crescimento e composição celular da *cianobactéria Spirulina platensis* (Arthrospira). J. Appl. Phycol., 10: 461-469.
Gosch, B. J., Magnusson, M., Paul, N. A. e De-Nys, R., 2012. Composição total de lípidos e ácidos gordos de algas marinhas para a seleção de espécies para biocombustíveis e bioprodutos à base de óleo. Bioenergia, GCB Bioenergia, 4: 919-930.
Goyal, H. B., Seal, D. e Saxena, R. C., 2008. Biofuels from thermochemical conversion of renewable resources: A review. Renew. Sustain. Energy Rev., 12: 504-517.
Griffiths, M. J. e Harrison, S. T., 2009. A produtividade lipídica como caraterística fundamental para a escolha de espécies de algas para a produção de biodiesel. J. Appl. Phycol., 21: 493-507.
Guckert, J. B. e Cooksey, K. E., 1990. Acumulação de triglicéridos e alterações do perfil de

ácidos gordos em *Chlorella* (Chlorophyta) durante a inibição do ciclo celular induzida por pH elevado. J. Phycol, 26: 72-79.
Guiry, M. e Guiry, G., 2014. Algae Base. Publicação eletrónica mundial, Universidade Nacional da Irlanda, Galway. Acedido em 01 de agosto.
Guschina, I. A. e Harwood, J. L., 2009. Lípidos de algas e efeito do ambiente na sua bioquímica. In: Lipids in Aquatic Ecosystems; Springer: Berlim, Alemanha, pp. 1-24.
Haag, A. L., 2007. As algas voltam a florescer. Nature, 447: 520-521.
Hankamer, B., Lehr, F., Rupprecht, J., Mussgnug, J. H., Posten, C. e Kruse, O., 2007. Biomassa fotossintética e produção de H2 por algas verdes: From bioengineering to bioreactor scale-up. Physiologia Plantarum, 131: 10-21.
Hansen, P. J., 2002. Effect of high pH on the growth and survival of marine phytoplankton: Implications for species succession. Aquat. Microb. Ecol., 28: 279-288.
Hargreaves, J. e Whitton, B., 1976. Effect of pH on growth of acid stream algae. Eur. J. Phycol., 11: 215-223.
Harrison, P. J. e Berges, J. A., 2005. Meios de cultura marinhos. In: Algal Culturing Techniques (R.A. Anderson ed.), Elsevier Academic Press. Waltham, MA USA, pp. 21-33.
Harun, R., Danquah, M. K. e Forde, G. M., 2010. Microalgal biomass as a fermentation feedstock for bioethanol production. J. Chem. Technol. Biotechnol., 85: 199-203.
Harwood, J. L., 2004. Envolvimento dos lípidos do cloroplasto na reação das plantas submetidas a stress. In: Lipids in Photosynthesis: Structure, Function and Genetics (Siegenthaler, P. A., Murata, N., eds.), Springer: Berlim, Alemanha, 6: 287-302.
Hasan, M. R. e Chakrabarti, R., 2009. Utilização de algas e macrófitas aquáticas como alimento em aquacultura de pequena escala: A Review. Organização das Nações Unidas para a Alimentação e a Agricultura (FAO): Roma, Itália.
Hempel, F., Bozarth, A. S., Lindenkamp, N., Klingl, A., Zauner, S., Linne, U., Steinbüchel, A. e Maier, U. G., 2011. Microalgas como biorreatores para a produção de bioplástico. Microb. Cell Fact., 10: 81.
Heraud, P., Wood, B. R., Tobin, M. J., Beardall, J. e McNaughton, D., 2005. Mapeamento de alterações bioquímicas induzidas por nutrientes em células de algas vivas utilizando a microespectroscopia de infravermelhos de sincrotrão. FEMS Microbiol. Lett., 249: 219-225.
Hiraoka, M. e Oka, N., 2008. Cultivo em tanque de Ulva prolifera em águas marinhas profundas utilizando um novo método de "agrupamento de germes". J. Appl. Phycol., 20: 97-102.
Hoffmann, J. P., 1998. Tratamento de águas residuais com algas suspensas e não suspensas. J. Phycol, 34: 757-763.
Hope, A. B. e Walker, N. A., 1975. The Physiology of Giant Algal Cells (A Fisiologia das Células de Algas Gigantes). Cambridge University Press, Londres, Reino Unido.
Hossain, S. A. B. M. e Salleh, A., 2008. Produção de biodiesel a partir de algas como energia renovável. American J. Biochem. Biotechnol., 4(3): 250-254.
Howell, S., 1997. U.S. Biodiesel Standards - An update of current activities in state of alternative fuel technologies. Warrendale, PA: SP-1274, Society of Automotive Engineers, 203-208.
Hu, Q., 2004. Efeitos ambientais na composição celular. In: Handbook of Microalgal Culture: Biotechnology and Applied Phycology (Richmond, A. ed.), Blackwell: Oxford, Reino Unido, pp. 83-93.
Hu, Q., Sommerfeld, Milton, Jarvis, Eric, Ghirardi, Maria, Posewitz, Matthew, Seibert,

Michael, Darzins e Al, 2008. Microalgal triacylglycerols as feedstocks for biofuel production: perspectives and advances. The Plant Journal, 54: 621-639.

Hwang, I. K., Kim, H. S. e Lee, W., 2005. Polimorfismo na alga castanha *Dictyota dichotoma* (Dictyotales, Phaeophyceae) da Coreia. Mar. Biol., 147: 999-1015.

Iqbal, M. e Zafar, S., 1993. Efeitos da densidade do fluxo de fotões, CO_2, taxa de arejamento e densidade do inóculo no crescimento e na produção de polissacáridos extracelulares por *Porphyridium cruentum*. Folia Microbiol, 38: 509-514.

Ishakani, A.H., Vadher, K.H., Kadri, R.M. e Patel, M.R., 2017. Composição de aminoácidos e ácidos gordos de algas marinhas (*Ulva reticulata* e *Sargassum cinctum*): Uma nova fonte natural de nutrição, Int. J. Pure App. Biosci., 5(5): 1210-1216.

ISO, ISO/PC 248 Critérios de Sustentabilidade para a Bioenergia. 2009.

Ivanova, V., Stancheva, M. e Merdzhanova, A., 2012. Composição de ácidos gordos de macroalgas da costa búlgara do Mar Negro. Anais de Química da Universidade de Ovidius, 23(1): 35-40.

Ivanova, V., Stancheva, M. e Petrova, D., 2013. Composição de ácidos graxos do Mar Negro *Ulva rigida* e *Cystoseira crinita.* Bulg. J. Agric. Sci., Suplemento 1: 42-47.

Iyengar, M. O. P., 1951. Chlorophyta In: Manual of Phycology. Ed. G.M. Smith. Chronica Botnica Co. Waltham, Massachusetts, pp. 21-68.

Jadhav, M. e Sadat, M., 2010. Quazi; Diversidade de algas aéreas na atmosfera de Aurangabad. Bionano Frontier, 3(2): 1-6.

Jagtap, M. N., Dama, L.B., Shaik, K.A. e Shaikh, H.G., 2012. Isolamento de Phytoplanktons de lagos urbanos da cidade de Solapur, estado de Maharashtra, Índia. DAV International Journal of Science, 1(2): 1-4.

Jaiswal, A. G., 2013. Lista de verificação de diatomáceas do distrito de Dhule e Nandurbar Maharashtra (Índia). Revista Internacional de Investigação Científica, 2(5): 5-6.

Jeong, G. T. e Park, D. H., 2000. Otimização da extração de lípidos de macroalgas verdes marinhas como recursos de biocombustível. Korean J. Chem. Eng., 0256-1115.

Jeong, M. L., Gillis, J. M. e Hwang, J. Y., 2003. Mitigação do dióxido de carbono pela fotossíntese de microalgas. Bull. Korean Chem. Soc., 24: 1763-1766.

John, R. P., Anisha, G., Nampoothiri, K. M. e Pandey, A., 2011. Biomassa de micro e macroalgas: A renewable source for bioethanol. Bioresour. Technol., 102: 186-193.

Joshi, P. P., 2012. Estudo sobre a diversidade, a taxonomia e o impacto das macrófitas nos recursos de água doce (Minor Project-Dam) do distrito de Yavatmal, Maharashtra, Índia. Int. J. Environment Sci., 1(5): 6-9.

Kadam, K.L., 2002. Environmental implications of power generation via coalhagem de microalgas de carvão. Energy, 27(10): 905-922.

Kadam, S. U. e Babar, M. D., 2010. Avaliação dos fitoplânctons do reservatório de Masoli, distrito de Parbhani, Maharashtra, quanto à potencialidade nutricional da água. Bionano Frontier, 3(2): 3-6.

Kadam, S. U. e Babar, M., 2010. Hydrochemistry and Phytoplankton biodiversity of Masooli reservoir, Parbhani district, Maharashtra, India. Nanobiotechnica Universale, 1(1): 17-28.

Kakinuma, M., Coury, D., Kuno, Y., Itoh, S., Kozawa, Y., Inagaki, E., Yoshiura, Y. e Amano, H., 2006. Physiological and biochemical responses to thermal and salinity stresses in a sterile mutant of *Ulva pertusa* (Ulvales, Chlorophyta). Mar. Biol., 149: 97-106.

Kalacheva, G., Zhila, N., Volova, T. e Gladyshev, M., 2002. O efeito da temperatura na composição lipídica da alga verde *Botryococcus*. Microbiologia, 71: 286-293.

Kalayashri, P., Jayashke, N. e Krisnagkuru, K., 1996. Survey of seed oil for use as diesel fuel. Journal of American Oil Chemical Society, 73: 471-474.

Kalita, N., Baruah, G., Chandra, R., Goswami, D., Talukdar, J. e Kalita, M. C., 2011. J. Microbiol. Biotech. Res., 1(4): 148-157.

Kamble, S. M., Bhagwan, H. K. e Patil, B. Y., 2013. O estudo do fitoplâncton no rio Manjra perto de Kallam, Tal. Kallam, Dist. Osmanabad (MS) Índia. Tendências em Ciências da Vida, 2(2): 4-8.

Kamble, S. M., Jadhav, M. J. e Chavan, A. M., 2011. Variações sazonais na população de algas de Ajanta Water-Fall. Recente Res. Sci. Technol., 3(5): 40-41.

Kardash, E. e Turyan, Y. I., 2005. Determinação do valor de acidez em óleo vegetal por titulação indireta em meio aquoso de álcool. Croat. Chem. Ata., 78(1): 99-103.

Khan, A. M., Ameen, M. e Fatima, N., 2017. Produção de biodiesel verde e renovável a partir da alga castanha marinha *Sargassum tenerrimum*. Indian J. Geo Marine Sci., 46 (4): 815-821.

Khan, S. A., Hussain, M. Z., Prasad, S. e Banerjee, U., 2009. Prospects of biodiesel production from microalgae in India (Perspectivas de produção de biodiesel a partir de microalgas na Índia). Renew. Sustain. Energy Rev., 13: 23612372.

Khotimchenko, S. V. e Kulikova, I. V., 2000. Lipídios de diferentes partes da lâmina de *Laminaria japonica* Aresch. Bot. Mar., 43: 87-91.

Khotimchenko, S. V. e Yakovleva, I. M., 2005. Composição lipídica da alga vermelha *Tichocarpus crinitus* exposta a diferentes níveis de irradiação de fotões. Phytochemistry, 66: 73-79.

Khotimchenko, S. V., 1995. Uncommon 16:1(n-5) acid from *Dictyota dichotoma* and fatty acids of some brown algae of Dictyotaceae. Phytochemistry, 38: 1411-1415.

Khotimchenko, S. V., 2003. A composição em ácidos gordos dos glicolípidos de macrófitas marinhas. Russian J. Plant Physiol, 29: 126-128.

Khotimchenko, S. V., Vaskovsky, V. E. e Titlyanova, T. V., 2002. Fatty acids of marine algae from the Pacific Coast of North California (Ácidos gordos de algas marinhas da costa do Pacífico do Norte da Califórnia). Bot. Mar., 45: 17-22.

Kim, S. K., 2011. Handbook of Marine Macroalgae: Biotechnology and Applied Phycology. John Wiley & Sons, Delhi.

Knothe, G., 2005. Dependência das propriedades do combustível biodiesel na estrutura dos ésteres alquílicos de ácidos gordos. Fuel Process. Technol., 86: 1059-1070.

Knothe, G., 2006. Analisar o biodiesel: normas e outros métodos. J. Am. Oil Chem. Soc., 83: 823-833.

Knothe, G., 2008. Biodiesel "de autor": otimização da composição de ésteres gordos para melhorar as propriedades do combustível. Combustíveis energéticos, 22: 1358-1364.

Knothe, G., 2009. Melhoria das propriedades do combustível biodiesel através da modificação da composição de ésteres gordos. Energy Environ. Sci., 2: 759-66.

Kobara, T. e Chihara, M., 1981. Cultura de laboratório e taxonomia de duas espécies de Derbesia (Classe Chlorophyceae) no Japão. Bot. Mag. Tokyo, 94: 1-10.

Kolber, Z., Zehr, J. e Falkowski, P., 1988. Effects of growth irradiance and nitrogen limitation on photosynthetic energy conversion in photosystem II. Plant Physiol, 88: 923-929.

Konopka, A. e Brock, T. D., 1978. Efeito da temperatura sobre as algas verde-azuladas (Cyanobacteria) no Lago Mendota. Appl. Environ. Microbiol., 36: 572-576.

Kraan, S., 2013. Cultivo em massa de macroalgas ricas em hidratos de carbono, uma possível solução para a produção sustentável de biocombustíveis. Mitigation and Adaptation Strategies for Global Change, 18: 27-46.

Krahl, J., Munack, A., Schröder, O., Stein, H. e Bünger, J., 2005. Influência do biodiesel e de diferentes combustíveis petrodiesel nas emissões de gases de escape e nos efeitos na saúde. In: The Biodiesel Handbook (Knothe, G. e Van Gerpen, J. ed.), AOCS Publishing, EUA.

Krisnangkuru, K. A., 1986. Simple Method for Estimation of Cetane Index of Vegetable of Oil Methyl Ester. J. Am. Oil Chem. Soc., 63: 552- 553.

Krohn, B. J., McNeff, C. V., Yan, B. e Nowlan, D., 2010. Produção de biodiesel à base de algas utilizando o processo catalítico contínuo Mcgyan®. Bioresour. Technnol., 2: 3-5.

Kumar, D. e Murthy, G. S., 2010. Pré-tratamentos e hidrólise enzimática de palhas de gramíneas para a produção de etanol no noroeste do Pacífico dos EUA Biol. Eng., 3: 97-110.

Kumar, D. e Murthy, G. S., 2011. Impacto das tecnologias de pré-tratamento e de processamento a jusante na economia e na energia da produção de etanol celulósico. Biotechnol. Biofuels, 4: 27.

Kumar, P., Suseela, M. R. e Toppo, K., 2011. Caracterização físico-química do óleo de algas: A potential biofuel. Asian J. Exp. Biol. Sci., 2(3): 493-497.

Kumari, P., 2012. Perfil de ácidos gordos de macroalgas marinhas tropicais: An analysisfrom chemotaxonomic and nutritional perspectives. Phytochemistry, 2: 1-3.

Kumari, P., Dhadse, S., Chudhari, P. R. e Wate, R. S., 2008. A biomonitoring of Plankton to assess quality of water in the lakes of Nagpur city; The 12th World Lake Conference, 160-164.

Kumari, P., Reddy, C.R.K. e Jha, B., 2011. Avaliação comparativa e seleção de um método de extração de lípidos e ácidos gordos de macroalgas. Anal. Biochem., 415: 134-144.

Kunjapur, A. M. e Eldridge, R. B., 2010. Conceção de fotobiorreactores para a produção comercial de biocombustíveis a partir de microalgas. Ind. Eng. Chem. Res., 49(8): 3516-3526.

Laffoley, D. A., Roe, H. S. J., Angel, M. V., Ardron, J., Bates, N. R., Boyd, I. L., Brooke, S., Buck, K. N., Carlson, E. A. e Causey, B., 2011. A proteção e a gestão do Mar dos Sargaços: The golden floating rainforest of the Atlantic Ocean: Summary science and supporting evidence case. Sargasso Sea Alliance, Bermuda, p. 44.

Lane, A. E. e Burris, J. E., 1981. Effects of environmental pH on the internal pH of *Chlorella pyrenoidosa, Scenedesmus quadricauda* and *Euglena mutabilis*. Plant Physiol, 68: 439-442.

Lares, M. L., Flores-Munoz, G. e Lara-Lara, R., 2002. Variabilidade temporal de Cd, Hg, Zn, M e Al biodisponíveis num regime de afloramento. Env. Poll., 120: 595-608.

Leela, J., Bhosale, S. M., Patil, Dhumal, S. N. e Sable, A. B., 2010. Ocorrência de fitoplâncton nos lagos da cidade de Kolhapur e arredores (Maharashtra). Indian Hydrobiology, 12(2): 133-142.

Liu, D., Keesing, J. K., Xing, Q. e Shi, P., 2009. A maior proliferação de macroalgas do mundo causada pela expansão da aquicultura de algas marinhas na China. Mar. Pollut. Bull, 58: 888-895.

Liu, L., Heinrich, M., Myers, S. e Dworjanyn, S. A., 2012. Para uma melhor compreensão dos usos medicinais da alga castanha Sargassum na medicina tradicional chinesa: uma revisão fitoquímica e farmacológica. J. Ethnopharm, 142: 591-619.

Lobban, C. S. e Harrison, P. J., 1997. Seaweed Ecology and Physiology. Cambridge University Press, Cambridge, 366.

Lokhande, M. V. e Shembekoar, V. S., 2009. Estudos sobre a diversidade do fitoplâncton do reservatório de Dhanegaon, Dhanegaon, distrito de Osmanabad, Maharashtra. Shodh, Samiksha aur Mulyankan. Int. Res. J., 2(7): 1-5.

Long, S., Humphries, S. e Falkowski, P. G., 1994. Fotoinibição da fotossíntese na natureza.

Annu. Rev. Plant Biol., 45: 633-662.
Lynn, S. G., Kilham, S. S., Kreeger, D. A. e Interlandi, S. J., 2000. Effect of nutrient availability on the biochemical and elemental stoichiometry in the freshwater diatom *Stephanodiscus minutulus* (Bacillariophyceae). J. Phycol., 36: 510-522.
Ma, F. e Hanna, M. A., 1999. Biodiesel Production: A Review. Bioresource Technol, 70: 1-15.
Mabeau, S. e Fleurence, J., 1993. Algas marinhas em produtos alimentares: aspectos bioquímicos e nutricionais. Tendências em Ciência e Tecnologia Alimentar, 4: 103-107.
Macchiavello, J., Araya, E. e Bulboa, C., 2010. Produção de *Macrocystis pyrifera* (Laminariales; Phaeophyceae) no norte do Chile em cultura baseada em esporos. J. Appl. Phycol., 22(6): 691-697.
Maceiras, R., Cancela, A., Sánchez, A., Pérez, L. e Alfonsin, V., 2016. Biocombustível e biomassa a partir de resíduos de macroalgas marinhas. Fontes de Energia, Parte A: Recuperação, Utilização e Efeitos Ambientais, 38(9): 1169-1175.
Maceiras, R., Rodrfguez, M., Cancela, A., Urrejola, S. e Sanchez, A., 2011. Macroalgas: Matéria-prima para a produção de biodiesel. Applied Energy, 88: 33183323.
Mahadik, B. B. e Jadhav, M. J., 2014. Um estudo preliminar sobre a biodiversidade de algas do reservatório de Ujani (MS) Índia. Bioscience Discovery, 5(1): 123-125.
Mahajan, K. D., 2012. Estudos da Flora de Diatomáceas da Região Norte de Maharashtra: Género *Caloneis, Neidium, Diploneis, Stauroneis, Anomoeneis*; Bionano Frontier, 5(2-II): 2-4.
Malachlan, A., 1979. Volumes de água do mar filtrados pelas praias arenosas de East Cape. S. Afr. J. Sci., 75: 75-79.
Malta, E. J., Draisma, S. e Kamermans, P., 1999. *Ulva lactuca* flutuante no sudoeste dos Países Baixos: espécies ou morfotipos? Uma comparação morfológica, molecular e ecológica. Eur. J. Phycol., 34(5): 443-454.
Manivannan, K., Thirumaran, G., Devi, G. K., Hemalatha, A. e Anantharaman, P., 2008. Biochemical composition of seaweeds from Mandapam coastal regions along Southeast Coast of India (Composição bioquímica das algas marinhas das regiões costeiras de Mandapam ao longo da costa sudeste da Índia). Am. Eur. J. Bot., 1: 32-37.
María Enriqueta Díaz de Vivar, 2020. O conjunto de macroalgas do Golfo Nuevo (Patagónia, Argentina) como fonte potencial de ácidos gordos valiosos para fins nutricionais e nutracêuticos. Algal Research, 45: 101726.
Marinho-Soriano, E., Fonseca, P. C., Carneiro, M. A. A. e Moreira, W. S. C., 2006. Variação sazonal na composição química de duas algas marinhas tropicais. Biores. Technol., 97: 2402-2406.
Marsham, S., Scott, G. W. e Tobin, M. L., 2007. Comparação da química nutritiva de uma gama de algas marinhas temperadas. Food Chem, 100: 1331-1336.
Martins, A. P., Yokoya, N. S. e Colepicolo, P., 2001. Comparação dos métodos de extração e transesterificação na determinação do teor de ácidos graxos de três espécies de algas marinhas brasileiras *Revista.* Brasileira de Farmacognosia Brazilian Journal, 22(4): 854-860.
Mata, T. M., Martins, A. A. e Caetano, N. S., 2010. Microalgas para produção de biodiesel e outras aplicações: Uma revisão. Renew. Sustain. Energy Rev., 14: 217-232.
McLafferty. 1959. Análise espectrométrica de massa, rearranjo molecular. Anal. Chem., 31: 82-87.
Menetrez, M. Y., 2012. Uma visão geral da produção de biocombustíveis de algas e do

potencial impacto ambiental. Environ. Sci. Technol., 46: 7073-7085.

Merchant, S. S., Prochnik, S. E., Vallon, O., Harris, E. H., Karpowicz, S. J., Witman, G. B., Terry, A., Salamov, A., Fritz-Laylin, L. K. e Maréchal-Drouard, L., 2007. The Chlamydomonas genome reveals the evolution of key animal and plant functions. Science, 318: 245-250.

Miao, X. e Wu, Q., 2004. Produção de bio-óleo de alto rendimento a partir de pirólise rápida por controlo metabólico de *Chlorella protothecoides*. J. Biotechnol, 110: 85-93.

Michalak, I., 2018. Processamento experimental de algas marinhas para biocombustíveis. WIREs Energy Environ., e288.

Mitsui, A., 1977. Programa de Ciência Cooperativa Estados Unidos-Japão; Fundação Nacional de Ciência (EUA). Biological Solar Energy Conversion. Academic Press, Nova Iorque.

Miyachi, S. e Kamiya, A., 1978. Efeitos do comprimento de onda no metabolismo fotossintético do carbono em *Chlorella*. Plant Cell Physiol, 19: 277-288.

Moazami-Goudarzi, M. e Colman, B., 2012. Alterações nos mecanismos de absorção de carbono em duas algas marinhas verdes por redução do pH da água do mar. J. Exp. Mar. Biol. Ecol., 413: 94-99.

Mock, T. e Kroon, B. M. A., 2002. Photosynthetic energy conversion under extreme conditions-II: The significance of lipids under light limited growth in Antarctic sea ice diatoms. Phytochemistry, 61: 53-60.

Moen, E., 1997. Biological Degradation of Brown Seaweeds (Degradação biológica de algas castanhas). Tese de doutoramento, Universidade Norueguesa de Ciência e Tecnologia, Trondheim, Noruega.

Molina, E., Fernandez, J., Acien, F.G. e Chisti, Y., 2001. Conceção de fotobiorreactores tubulares para culturas de algas. J. Biotechnol., 92(2): 113-131.

Moosa, A. Y. e Yeragi, S. G., 2013. Comunidade fitoplanctónica do lago Aarey, Mumbai; Conferência Nacional sobre Biodiversidade: Estado e Desafio na Conservação - FAVEO.

Moreira, D., Le-Guyader, H. e Philippe, H., 2000. A origem das algas vermelhas e a evolução dos cloroplastos. Nature, 405: 69-72.

Morgan, K. C. e Kalff, J., 1979. Efeito das interações de luz e temperatura no crescimento de *Cryptomonas erosa* (Cryptophyceae). J. Phycol., 15: 127-134.

Moroney, J. V. e Tolbert, N. E., 1985. Inorganic carbon uptake by *Chlamydomonas reinhardtii*. Plant Physiol, 77: 253-258.

Morris, I., Glover, H. e Yentsch, C., 1974. Products of photosynthesis by marine phytoplankton: The effect of environmental factors on the relative rates of protein synthesis. Mar. Biol., 27: 1-9.

Moss, B. 1973. A influência de factores ambientais na distribuição de algas de água doce: Um estudo experimental: II. O papel do pH e do sistema dióxido de carbono bicarbonato. J. Ecol., 61: 157-177.

Moulick, S. e Mal, B.C. 2009. Avaliação do desempenho do arejador de roda de pás de cubo duplo. J. Environ. Engg. Asce., 135(7): 562-566.

Munack, A., Krahl, J. e Speckmann, H., 2002. Biodieselsensorik. Landbauforsch, Völkenrode, 239: 87-92.

Muradyan, E., Klyachko-Gurvich, G., Tsoglin, L., Sergeyenko, T. e Pronina, N., 2004. Alterações no metabolismo lipídico durante a adaptação do aparelho fotossintético *de Dunaliella salina* a uma concentração elevada de CO_2. Rus. J. Plant Physiol, 51: 53-62.

Naik, U. G., Beligiriranga, V. e Haragi, S. B., 2015. Algas marinhas da Baía de Karwar, mar da Arábia, costa oeste da Índia Perfil de diversidade. IJSN, 6(4): 728-732.
Nakas, J., Schaedle, M., Parkinson, C., Coonley, C. e Tanenbaum, S., 1983. Desenvolvimento de um sistema para a produção de solventes por fermentação associada a partir de biomassa de algas. Appl. Environ. Microbiol, 46: 1017-1023.
Narayan, B. e Miyashita, K., 2005. Lipid composition of *Padina tetrastomatica* (Dictyotales, Phaeophyta), a brown seaweed of the west coast of India. Indian J. Fish, 52(3): 263-268.
Nehul, J. N. e Nikam, T. D., 2012. Diversidade de cianobactérias da região de Bhadardara do distrito de Ahmednagar (MS, Índia); Bionano Frontier. Eco Revolution, Colombo- Shrilanka.
Nerpagar, P. B. e Nandan, S. N., 2011. Estudo da biodiversidade das comunidades de algas de efluentes de certas fábricas do norte de Maharashtra. Curr. Bot., 2(4): 48-51.
Nichols, N. N. e Bothast, R.J., 2008. Produção de etanol a partir de grãos. Em: Genetic Improvement of Bioenergy Crops (Vermerris, W., ed.), Springer: Nova Iorque, EUA, 75-88.
Nielsen, E. S., 1975. Marine Photosynthesis: With Special Emphasis on the Ecological Aspects. Elsevier: Amesterdão, Países Baixos, Vol. 13.
Página Web do NREL. Dynamic Maps, GIS Data, and Analysis Tools-Solar Maps (Mapas dinâmicos, dados SIG e ferramentas de análise - Mapas solares). Disponível online: http://www.nrel.gov/gis/solar.html (acedido em 9 de maio de 2013).
Nunes, N., Rosa, G. P., Ferraz1, S., Barreto, M. C. e Pinheiro de Carvalho, M. A. A., 2020. Composição em ácidos gordos, TLC screening, análise ATR-FTIR, atividade anticolinesterásica e citotoxicidade in vitro para a linha celular tumoral A549 de extractos de 3 macroalgas recolhidas na Madeira. J. Appl. Phycol., 32: 759-771.
Olofsson, M., Lamela, T., Nilsson, E., Bergé, J. P., Pino, V. D. e Uronen, P., 2012. Variação sazonal de lípidos e ácidos gordos da microalga *Nannochloropsis oculata* cultivada em fotobiorreatores exteriores de grande escala. Energias, 5(5): 1577-92.
Orcutt, D. M. e Patterson, G. W., 1974. Efeito da intensidade da luz na composição lipídica de *Nitzschia closterium* (*Cylindrotheca fusiformis*). Lipids, 9: 1000-1003.
Ortiz, J., Romero, N., Robert, P., Araya, J., Lopez-Hernandez, J., Bozzo, C., Navarrete, E., Osorio, A. e Rios, A., 2006. Conteúdo de fibra alimentar, aminoácidos, ácidos gordos e tocoferol das algas comestíveis Ulva lactuca e *Durvillaea antarctica.* Food Chem, 99: 98-104.
Oswald, W. J., Asce, A. M., Gotaas, H. B. e Asce, M., 1955. Photosynthesis in sewage treatment. Sociedade Americana de Engenheiros Civis, pp. 73-105.
Oswald, W.J. e Golueke, C.G., 1960. Transformação biológica da energia solar. Adv. Appl. Microbiol, 2: 223-262.
Park, J. Y., Kim, D. K., Wang, Z. M., Lu, P. M., Park, S. C. e Lee, J. S., 2008. Produção e caraterização de biodiesel a partir de óleo de tungue. Appl. Biochem. Biotechnol., 148: 109-117.
Parker, M. S. e Armbrust, E., 2005. Efeitos sinérgicos da luz, temperatura e fonte de azoto na transcrição de genes para o metabolismo do carbono e do azoto na diatomácea cêntrica *Thalassiosira pseudonana* (Bacillariophyceae). J. Phycol., 41: 1142-1153.
Parulekar, A. H., 1981. Fauna marinha de Malvan, costa centro-oeste da Índia. Mahasagar Bulletin of the National Institute of Oceanography, 14(1): 33-44.
Patil, P. D. e Deng, S., 2009. Otimização da produção de biodiesel a partir de óleos vegetais comestíveis e não comestíveis. Fuel, 88: 1302-1305.
Patil, P. D., 2011. Otimização da conversão direta de algas húmidas em biodiesel em condições de metanol supercrítico. Bioresour. Technol., 102: 118122.

Patil, V. P. e Nandan, S. N., 2011. Biodiversidade de Cynophyceae da barragem de Amravati. J. Exp. Sci., 2(3): 33-36.

Patil, V. S. e Patil, S. R., 2014. Biodiversidade de algas sobre o ambiente de Pune. Int. J. Adv. Res., 2(2): 1-2.

Pavia, D., Lapman, G. e Kriz, G., 2009. Introdução à Espectroscopia. Ed. Internacional da 4[a] Edição Revista, 26 de junho.

Pessoa, F. M., 2012. Efeitos nocivos da radiação UV em algas e macrófitas aquáticas - Uma revisão. Emir. J. Food Agric., 24: 510-526.

Philipose, M. T., 1960. Proc. Symp. Algology. Conselho Indiano de Investigação Agrícola, Nova Deli, 272-91.

Pienkos, D. P. e Edye, L., 2010. Estado atual e potencial para a produção de biocombustíveis de algas. A Report to IEA Bioenergy Task, 39.

Pingle, S. D. e Wagh, B. D., 2009. Avaliação da ficodiversidade e da qualidade da água do reservatório de água de Ahmedanagar, Estado de Maharashtra.

Poerschmann, J., Spijkerman, E. e Langer, U., 2004. Fatty acid patterns in *Chlamydomonas* sp. as a marker for nutritional regimes and temperature under extremely acidic conditions. Microb. Ecol., 48: 78-89.

Pokharkar, R. D., Dalvi, S. N., Funde, P. E. e Pingle, S. S., 2008. Transesterificação *in situ* de óleo não comestível de sementes de *Thespecia populnea*. Res. J. Chem. Environ., 12: 99-101.

Polat, S. e Ozogul, Y., 2008. Biochemical composition of some red and brown macro algae from the Northeastern Mediterranean Sea. Int. J. Food Sci. Nutri., 59: 7-8.

Pragya, N., Pandey, K. K. e Sahoo, P., 2013. A review on harvesting, oil extraction and biofuels production technologies from microalgae. Renew. Sustain. Energy Rev., 24: 159-171.

Prajapati, S. R. S., Jadhav, A. S. e Anilkumar, U., 2014. Estudo da biodiversidade do fitoplâncton nos lagos da Índia. Int. J. Res. Appl. Nat. Sci., 2(7): 113-120.

Prescott, G. W., 1964. In: Algae and Man. Ed. D.F., Jackson. Plenum Press, N.Y., 1-30.

Pruder, G. D. e Bolton, E. T., 1979. O papel do enriquecimento de CO_2 do gás de aeração no crescimento de uma diatomácea estuarina. Aquaculture, 17: 1-15.

Pugdeepun, N., 2001. Crescimento e valores nutritivos da uva-do-mar, *Caulerpa lentillifera*. Tese de Mestrado, Universidade de Kasetsart, Banguecoque, Tailândia.

Pulz, O., 2007. Avaliação da unidade de escala de engenharia de crescimento de algas de matriz 3D da Green Fuel: APS Red Hawk Unit AZ. IGV Institut fur Getreidevararbeitung GmbH.

Qi, F., Li, X. D., Zhao, Y. H., Lei, Y. Z. e Li, Y. H., 2008. Efeitos da salinidade, intensidade da luz e temperatura na fotossíntese da alga *Cladophera expansal*. Jornal da Universidade de Pesca de Dalian, 23(5): 382-386.

Radmer, R. J. e Parker, B. C., 1994. Aplicações comerciais das algas: oportunidades e condicionalismos. J. Appl. Phycol., 6: 93-98.

Rahbari, H., Akram, A., Pazoki, M. e Aghbashlo, M., 2019. Produção de bio-óleo a partir de *macroalgas Sargassum*: Uma fonte de energia verde e saudável, Jundishapur J. Health Sci., p. e84301.

Rajkumar, R., Yaakob, Z. e Takriff, M. S., 2013. Potencial das micro e macro algas para a produção de biocombustíveis: Uma breve revisão. Bioresources, 9: 1606-1633.

Rameshkumar, S., Ramakritinan, C. M., Eswaran, K. e Yokeshbabu, M., 2012. Composição aproximada de algumas algas selecionadas da baía de Palk e do Golfo de Mannar, Tamilnadu,

Índia. Asian J. Biomed. Pharm. Sci., 3(16): 1-5.

Ramolaa, B., Kumara, V., Nandab, M., Mishraa, Y., Tyagia, T., Guptac, A. e Sharmac, N., 2019. Avaliação, comparação de diferentes extrações por solventes, métodos de rompimento celular e liquefação hidrotérmica de macroalgas *Oedogonium* para produção de biocombustíveis. Relatórios de Biotecnologia, 24: xxx-xxx.

Rao, A. R., Dayananda, C., Sarada, R., Shamala, T. e Ravishankar, G., 2007. Efeito da salinidade no crescimento da alga verde *Botryococcus braunii* e seus constituintes. Bioresour. Technol., 98: 560-564.

Raven, J. A. e Geider, R. J., 1988. Temperature and algal growth (Temperatura e crescimento de algas). New Phytol, 110: 441-461.

Reitan, K. I., Rainuzzo, J. R. e Olsen, Y., 1994. Effect of nutrient limitation on fatty acid and lipid content of marine microalgae (Efeito da limitação de nutrientes no teor de ácidos gordos e lípidos das microalgas marinhas). J. Phycol, 30: 972-979.

Renaud, S. e Parry, D., 1994. Microalgas para utilização em aquacultura tropical II: Efeito da salinidade no crescimento, composição química bruta e composição em ácidos gordos de três espécies de microalgas marinhas. J. Appl. Phycol., 6: 347-356.

Renaud, S. M., Thinh, L. V., Lambrinidis, G. e Parry, D. L., 2022. Efeito da temperatura no crescimento, composição química e composição de ácidos gordos de *microalgas* tropicais *australianas* cultivadas em culturas em lote. Aquaculture, 211: 195-214.

Renaud, S., Parry, D., Thinh, L. V., Kuo, C., Padovan, A. e Sammy, N., 1991. Effect of light intensity on the proximate biochemical and fatty acid composition of *Isochrysis* sp. and *Nannochloropsis oculata* for use in tropical aquaculture. J. Appl. Phycol., 3: 43-53.

Renita, A. A., Hannan, A. e Phukan, P., 2017. Estudos sobre a produção ecológica de biodiesel a partir de algas marinhas. J. Chem. Pharmaceut. Sci., 10(2): 995-997.

Renita, A., Amarnath, D., Padhmanabhan, A., Dhamodaran, B. e Kizhakudan, J., 2011. Produção de biodiesel a partir de macroalgas marinhas. Avanços recentes em serviços de tecnologia espacial e alterações climáticas (RSTSCC), IEEE, Chennai, Índia.

Renita, A., Sreedhar, N. e Peter, M., 2014. Otimização de ésteres metílicos de algas usando RSM e avaliação das caraterísticas de armazenamento de biodiesel. Bioresources and Bioprocessing, 1: 1-9.

Rhee, G. Y. e Gotham, I. J., 1981. The effect of environmental factors on phytoplankton growth: Temperatura e interações da temperatura com a limitação de nutrientes. Limnol. Oceanogr., 26: 635-648.

Rhee, G. Y., 1982. Efeitos dos factores ambientais e das suas interações no crescimento do fitoplâncton. Adv. Microb. Ecol., 6: 33-74.

Riebesell, U., Revill, A. T., Holdsworth, D. G. e Volkman, J. K., 2000. Os efeitos da variação da concentração de CO_2 na composição lipídica e no fracionamento de isótopos de carbono em *Emiliania huxleyi*. Geochim. Cosmochim. Ata, 64: 4179-4192.

Robertson-Andersson, D. V., Wilson, D. T., Bolton, J. J., Anderson, R. J. e Maneveldt, G. W., 2009. Avaliação rápida do azoto tecidular em *Gracilaria gracilis* (Rhodophyta) e *Ulva lactuca* (Chlorophyta) cultivadas. Afr. J. Aquat. Sci., 34(2): 169172.

Roesijadi, G., Jones, S. B., Snowden-Swan, L. J. e Zhu, Y., 2010. Macroalgas como matéria-prima de biomassa: Uma análise preliminar. Departamento de Energia dos EUA, Washington, DC.

Roessler, P. G., 1990. Controlo ambiental do metabolismo dos glicerolípidos em microalgas: Implicações comerciais e futuras direcções de investigação. J. Phycol, 26: 393-399.

Roleda, M. Y., Slocombe, S. P., Leakey, R. J. G., Day, J. G., Bell, E. M. e Stanley, M. S., 2013. Efeitos dos regimes de temperatura e de nutrientes na produção de biomassa e de lípidos por seis microalgas oleaginosas em cultura descontínua, utilizando uma estratégia de cultivo em duas fases. Bioresource Technology, 129: 439-449.

Rosenberg, C. e Ramus, J., 1982. Estratégias de crescimento ecológico nas algas marinhas *Gracilaria foliifera* (Rhodophyceae) e *Ulva* sp. (Chlorophyceae): Azoto solúvel e hidratos de carbono de reserva. Biologia Marinha, 66: 251-259.

Round, F. E., 1984. The Ecology of Algae. Cambridge University Press, Cambridge, Reino Unido.

Roy, S. and Anantharaman, P. Biochemical compositions of seaweeds collected from Olaikuda and Vadakkadu, Rameshwaram, Southeast Coast of India. J. Marine Sci. Res. Dev., 7(7): 1-2.

Ruangchuay, R., Dahamat, S., Chirapat, A. e Notoya, M., 2012. Efeitos das condições de cultura no crescimento e reprodução de Gut Weed, *Ulva intestinalis* Linnaeus (Ulvales, Chlorophyta), Songklanakarin J. Sci. Technol., 34(5): 501-507.

Sahare, P. C. e Cheian, K. J., 2012. Estudo da diversidade de Cyanophycean na barragem de Chulband, Gondia. Dist. (M.S.), Índia, Bionano Frontier. Eco Revolution, Colombo - Shrilanka.

Samson, R. A. e Omielan, J. A., 1992. Switchgrass: Uma potencial cultura energética de biomassa para a produção de etanol. In: Proceedings of the Thirteenth North American Prarie Conference, Windsor, ON, Canadá, 253-258.

Sanchez, O. J. e Cardona, C. A. 2008. Trends in biotechnological production of fuel ethanol from different feedstocks (Tendências na produção biotecnológica de etanol combustível a partir de diferentes matérias-primas). Bioresour. Technol., 99: 5270-5295.

Sánchez-Machado, D. I., Ló pez-Cervantes, J., Ló pez-Hernández, J. e Paseiro-Losado, P., 2004. Teor de ácidos gordos, lípidos totais, proteínas e cinzas de algas marinhas comestíveis transformadas. Food Chem, 85: 439-444.

Sander, K. e Murthy, G. S., 2010. Análise do ciclo de vida do biodiesel de algas. Int. J. Life Cycle Assess, 15: 704-714.

Sanjaykumar, D., Swati, S. e Raghunath, P., 2012. Preparação de Biodiesel de semente de Undi com transesterificação In-situ. Leonardo Electronic Journal of Practices and Technologies, 20: 175-182.

Sanjaykumar, N. D., Sarala, B. K. e Swati, R. S., 2013. Papel da Física no desenvolvimento sustentável - RPSD; Preparação de transeterificação *in situ* de *Jatropha curcas* Linn. para preparação de biodiesel. Indian Streams Research Journal.

Sarawade, A. B. e Kamble, N. A., 2013. Quantificação planctónica no lago Bharatnagar de Miraj Tahsil, Distrito Sangli, Maharashtra. Bionano Frontier, 6(1): 1-2.

Sarawade, A. B. e Kamble, N. A., 2014. Diversidade de plâncton no rio Krishna, Sangli, Maharashtra. J. Ecol. Nat. Environ., 6(4): 174-181.

Sato, N., Hagio, M., Wada, H. e Tsuzuki, M., 2000. Environmental effects on acidic lipids of thylakoid membranes. Biochem. Soc. Trans., 28: 912-914.

Satpati, G. G. e Pal, R., 2011. Composição bioquímica e caraterização lipídica da alga verde marinha *Ulva rigida* - Uma abordagem nutricional. J. Algal Biomass Utln., 2(4): 10-13.

Sawidis, T., Brown, M. T., Zachariadis, G. e Sratis, I., 2001. Concentrações de metais vestigiais em microalgas marinhas de diferentes biótopos no Mar Egeu. Env. Int., 27: 43-47.

Schmer, M. R., Vogel, K. P., Mitchell, R. B. e Perrin, R. K., 2008. Energia líquida do etanol

celulósico de switchgrass. Proc. Natl. Acad. Sci. USA, 105: 464-469.
Schmid, M., Kraft, L. G. K., van der Loos, L., Kraft, G. T., Virtue, P., Nichols, P. D. e Hurd, C. L., 2018. Algas marinhas do sul da Austrália: Um recurso promissor para os ácidos gordos ómega 3. Food Chem, 1: 1-3.
Schneider, D., 2008. Grow your Own? Would the Wide Spread Adoption of Biomass-Derived Transportation Fuels Really Help the Environment" [A adoção generalizada de combustíveis para transportes derivados da biomassa ajudaria realmente o ambiente]. American Scientist, 94: 408-409.
Scott, A. e Bryner, M., 2006. Alternative Fuels: Rolling out Next-Generation Technologies. Env. Int., 1: 17-21.
Setthamongkol, P., Tunkijjanukij, S., Satapornvanit, K. e Salaenoi, J., 2015. Análise de crescimento e nutrientes em macroalgas marinhas. Kasetsart J. Nat. Sci., 49: 211-218.
Shah, G. C., Yadav, M. e Tiwari, A., 2012. Análise e caraterização de óleo de algas utilizando diferentes técnicas cromatográficas para a produção de biodiesel a partir de espécies de algas *Scenedesmus dimorphus*. Relatórios Científicos de Acesso Aberto, 1(7): 1-5.
Shaikh, P. R. e Bhosale, A. B., 2012. Diversidade de plâncton da barragem de Siddheshwar em Hingoli, Maharashtra, Índia. J. Environ. Res. Develop, 7: 2A.
Sharma, K. K., Schuhmann, H. e Schenk, P. M., 2012. Indução de elevados níveis de lípidos em microalgas para a produção de biodiesel. Energias, 5: 1532-1553.
Sharma, Y. C. e Singh, B., 2009. Desenvolvimento de biodiesel: Current scenario. Renew. Sustain. Energy Rev., 13: 1646-1651.
Sharmila, S. e Rebecca, L. J., 2012. GC-MS Análise de ésteres de ácidos gordos presentes no biodiesel produzido a partir de *Cladophora vagabunda*. J. Chem. Pharmaceut. Res., 4(11): 4883-4887.
Sheehan, J., 1998. A Look Back at the U.S. Department of Energy's Aquatic Species Program: Biodiesel from algae. Laboratório Nacional de Energia Renovável: Golden, Co., EUA.
Sheehan, J., Aden, A., Paustian, K., Killian, K., Brenner, J., Walsh, M. e Nelson, R., 2003. Energy and environmental aspects of using corn stover for fuel ethanol (Aspectos energéticos e ambientais da utilização de palha de milho para etanol combustível). J. Ind. Ecol., 7: 117-146.
Shevchenko, N. M., Anastyuk, S. D., Gerasimenko, N. I., Dmitrenok, P. S., Isakov, V. V. e Zvyagintseva, T. N., 2007. Polissacarídeos e composição lipídica da alga castanha *Laminaria gurjanovae*. Russ. J. Bioorg. Chem., 33: 88-98.
Shifrin, N. S. e Chisholm, S. W., 1981. Phytoplankton lipids: Interspecific differences and effects of nitrate, silicate and light-dark cycles. J. Phycol., 17: 374-384.
Shinde, S. E., Pathan, T. S. e Sonawane, D. L., 2012. Variações sazonais e biodiversidade do fitoplâncton na barragem de Harsool-Savangi, Aurangabad, Índia. J. Environ. Biol., 33: 643-647.
Silberfeld, T., Leigh, J. W., Verbruggen, H., Cruaud, C., de Reviers, B. e Rousseau, F., 2010. A multi-locus time-calibrated phylogeny of the brown algae (Heterokonta, Ochrophyta, Phaeophyceae): investigating the evolutionary nature of the "brown algal crown radiation". Mol. Phylogenet Evol., 56: 659-674.
Silva, G., Pereira, R. B., Valentão, P., Andrade, P. B. e Sousa, C., 2013. Distinct fatty acid profi le of ten brown Macroalgae. Revista Brasileira de Farmacognosia Brazilian Journal of Pharmacognosy, 23(4): 608-613.

Silverstein, R. M. e Webster, F. X., 1998. Spectroscopic Identification of Organic Compounds (Identificação Espectroscópica de Compostos Orgânicos). 6th ed., J. Wiley Publisher.

Singh, A. e Olsen, S. I., 2011. Uma revisão crítica da conversão bioquímica, sustentabilidade e avaliação do ciclo de vida dos biocombustíveis de algas. Applied Energy, 88: 3548-3555.

Singh, A., Nigam, P. e Murphy, J., 2011. Renewable fuels from algae: An answer to debatable land based fuels. Bioresource Technol, 102: 10-16.

Singh, J. e Gu, S., 2010. Commercialization potential of microalgae for biofuels production (Potencial de comercialização de microalgas para a produção de biocombustíveis). Renew. Sustain. Energy Rev., 14: 2596-2610.

Smetacek, V. e Zingone, A., 2013. As marés de algas verdes e douradas estão a aumentar. Nature, 504: 84-88.

Smith, G. M. (Ed), 1950. Manual Phycology. Chronica Botanica, Co., Waltham, Massachusetts.

Smith, R., Cavaletto, J., Eadie, B. e Gardner, W., 1993. Growth and lipid composition of high Arctic ice algae during the spring bloom at Resolute, Northwest Territories, Canada. Mar. Ecol. Prog. Ser., 97: 19-29.

Sonawane, U. Y. e Kulkarni, K. S., 2018. As algas como potencial matéria-prima para a produção de biodiesel. IRJET, 5(6): 1-3.

Sorokin, C. e Krauss, R. W., 1958. The Effects of light intensity on the growth rates of green algae (Os efeitos da intensidade da luz nas taxas de crescimento das algas verdes). Plant Physiol, 33: 109-113.

Sorokin, C. e Krauss, R. W., 1962. Effects of temperature and illuminance on chlorella growth uncoupled from cell division. Plant Physiol, 37: 37-42.

Spolaore, P., Joannis-Cassan, C., Duran, E. e Isambert, A., 2006. Commercial applications of microalgae. J. Biosci. Bioeng., 101: 87-96.

Stephens, E., de Nys, R., Ross, I. L. e Hankamer, B., 2013a. Combustíveis de algas como alternativa ao petróleo. J. Pet. Environ. Biotechnol., 4: 1-7.

Sterner, R. W. e Grover, J. P., 1998. Crescimento de algas em reservatórios temperados quentes: Exame cinético do azoto, temperatura, luz e outros nutrientes. Water Res., 32: 3539-3548.

Stockenreiter, M., Haupt, F., Graber, A. K., Seppälä, J., Spilling, K., Tamminen, T. e Stibor, H., 2013. Riqueza de grupos funcionais: Implicações da biodiversidade para o uso da luz e rendimento lipídico em microalgas. J. Phycol., (No prelo).

Straus, N. A., 2004. Iron Deprivation: Physiology and Gene Regulation. In: The Molecular Biology of Cyanobacteria (Bryant, D. A. ed.), Springer: Berlim, Alemanha, 1: 731-750.

Suali, E. e Sarbatly, R., 2012. Conversão de microalgas em biocombustível. Renew. Sustain. Energy Rev., 16: 4316-4342.

Suganya, T. e Renganathan, S., 2012. Estudos de otimização e cinética sobre a extração de óleo de algas da macroalga marinha *Ulva lactuca*. Bioresour. Technol., 107: 319-326.

Suganya, T., Gandhi, N. N. e Renganathan, S., 2013. Produção de biodiesel de algas a partir de macroalgas marinhas *Enteromorpha compressa* por processo de duas etapas: Otimização e estudo cinético. Bioresource Technology, 128: 392-400.

Suganya, T., Kasirajan, R. e Renganathan, S., 2014. Transesterificação rápida *in situ* reforçada por ultrassom de macroalgas marinhas *Enteromorpha compressa* para a produção de biodiesel. Bioresource Technology, 156: 283-290.

Sukenik, A., Carmeli, Y. e Berner, T., 1989. Regulação da composição de ácidos gordos pelo nível de irradiância na eustigmatófita *Nannochloropsis* sp. J. Phycol., 25: 686-692.
Suutari, M., Leskinen, E., Fagerstedt, K., Kuparinen, J., Kuuppo, P. e Blomster, J., 2015. Macroalgas na produção de biocombustíveis. Phycol. Res., 63: 1-18.
Taekar, S. M., 2014. Estudos sobre Chlorococales de Jalgaon Nala de Ashti Taluka em Beed (M.S.) Índia. Weekly Sci. Res. J., 1(24): 1-2.
Talekar, S. M., Jadhav, M. J. e Jogdand, S. K., 2010. Estudos de biodiversidade sobre Oscillatoriaceae de Jalgaon Nala de Ashti Taluka no distrito de Beed, Índia. J. Exp. Sci., 1(2): 3-4.
Tatsuzawa, H., Takizawa, E., Wada, M. e Yamamoto, Y., 1996. Fatty acid and lipid composition of the acidophilic green alga *Chlamydomonas* sp. 1. J. Phycol., 32: 598-601.
Teas, J., Pino, S., Critchley, A. e Braverman, L. E., 2004. Variabilidade do teor de iodo em algas marinhas comestíveis comuns disponíveis no mercado. Thyroid, 14: 836-841.
Telkhade, P. M., Dahegaonkar, N. R., Khinchi, P. J. e Zade, S. B., 2009. Variação sazonal do fitoplâncton do lago Tadoba, Tadoba Andhari Tiger Reserve (TATR), Dist. Chandrapur (MS), Índia. J. Appl. Nat. Sci., 1(2): 170-172.
Thakur, H. A. e Behere, K. H., 2008. Estudo da biodiversidade de algas filamentosas na barragem de Gangapur, distrito de Nashik (MS), Índia. The 12th World Lake Conference, 456-461.
A Comissão Europeia. 2009. Diretiva 2009/28/CE do Parlamento Europeu e do Conselho, de 23 de abril de 2009, relativa à promoção da utilização de energia proveniente de fontes renováveis que altera e subsequentemente revoga as Diretivas 2001/77/CE e 2003/30/CE, E. Comissão, Editor.
Thompson, G. A. Jr., 1996. Lipídios e função da membrana em algas verdes. Biochim. Biophys. Ata, 1302: 17-45.
Thompson, P. A., Guo, M. e Harrison, P. J., 1992. Effects of variation in temperature. I. On the biochemical composition of eight species of marine phytoplankton. J. Phycol., 28: 481-488.
Tijare, R. V., 2011. Um estudo da vegetação de macrófitas presente nas massas de água lênticas de Gadchiroli, MS (Índia). Pensamentos de Investigação Dourados, 1(4): 1-2.
Tijare, R., 2013. Ecologia dos parâmetros fitoquímicos do lago Bothali (Mendha), Gadchiroli (MS). Jornal de pesquisa de riachos indianos.
Titlyanov, E. A. e Titlyanova, T. V., 2010. Cultivo de algas marinhas: métodos e problemas. Russian J. Marine Biol., 36: 227-242.
Tiwari, A. K., Kumar, A. e Raheman, H., 2007. Produção de biodiesel a partir de pinhão-manso (*Jatropha curcas*) com elevado teor de ácidos gordos livres: um processo optimizado. Biomassa e Bioenergia, 31: 569-575.
Topare, N., Rout, S. J., Renge, V. C., Khedkar, S. V., Chavan, Y. P. e Bhagat, S. L., 2011. Extração de óleo de algas por extração com solventes e método de expulsão de óleo. Int. J. Chem., 9: 1746-1750.
Tredici, M., 2004. Produção em massa de microalgas: Fotobiorreactores. In: Handbook of Microalgal Culture: Biotechnology and Applied Phycology (Amos Richmond ed.), Blackwell Science.
Tripathi, U., Sarada, R. e Ravishankar, G., 2002. Efeito das condições de cultura no crescimento da alga verde - *Haematococcus pluvialis* e na produção de astaxantina. Ata. Physiol. Plant., 24: 323-329.

Troell, M., Joyce, A., Chopin, T., Neori, A., Buschmann, A. H. e Fang, J. G., 2009. Ecological engineering in aquaculture-potential for integrated multi-trophic aquaculture (IMTA) in marine offshore systems. Aquaculture, 297: 1-9.

Tschöke, H. e Braungarten, G., 2002. Biodiesel und Partikelfilter. Landbauforsch Völkenrode, 239: 69-86.

Tsuzuki, M., Ohnuma, E., Sato, N., Takaku, T. e Kawaguchi, A., 1990. Effects of CO_2 concentration during growth on fatty acid composition in microalgae (Efeitos da concentração de CO_2 durante o crescimento na composição de ácidos gordos em microalgas). Plant Physiol, 93: 851-856.

DOE DOS EUA. 2010. National Algal Biofuels Technology Roadmap. Departamento de Energia dos EUA, Gabinete de Eficiência Energética e Energias Renováveis, Programa de Biomassa. Workshop and Roadmap sponsored by the U.S. Department of Energy Office of Energy Efficiency and Renewable Energy Office of the Biomass Program.

Urréjola, S., Maceiras, R., Pérez, L., Cancela, A. e Sánchez, A., Analysis of macroalgae oil transesterification for biodiesel production. Chemical Engineering Transactions, 29: 1153-1158.

Vaidya, S., Shah, K. e Harshal, A., 2014. Potencial antibacteriano das algas *Sargassum* spp. e *Chlorophyta* spp. de Ratnagiri, Maharashtra - Um estudo *in vitro*. Int. J. Sci. Res., 3(2): 1-5.

Vasconcelos, M. T. S. D. e Leal, M. F. C., 2001. Variabilidade sazonal na cinética de acumulação de Cu, Pb, Cd e Hg por macroalgas. Mar. Chem., 74: 65-85.

Venkatesalu, V., Sundaramoorthy, P., Anantharaj, M., Chandrasekaran, M. e Senthilkumar, A., 2012. Variação sazonal na composição de ácidos gordos de algumas macroalgas marinhas da Reserva da Biosfera Marinha do Golfo de Mannar, costa sudeste da Índia. Jornal Indiano de Ciências Geo-Marinhas, 41(5): 442-450.

Verma, P., Kumar, M., Mishra, G. e Sahoo, D., 2017. Análise multivariada de ácidos gordos e bioquímica de algas marinhas para caraterizar o seu potencial como recurso biológico para biocombustível e produtos químicos finos. Bioresource Technol, 226: 132-144.

Villares, R. e Carballeira, A., 2003. Variação sazonal das concentrações de nutrientes em duas macroalgas verdes e dos níveis de nutrientes nos sedimentos do estuário das Rias Baixas (NWSpain). Coastal and Shelf Science, 58: 887-900.

Villares, R., Puente, X. e Carballeira, A., 2002. Variação sazonal e níveis de fundo de metais pesados em duas algas verdes. Env. Poll., 119: 79-90.

Visviki, I. e Santikul, D., 2000. A tolerância ao pH de *Chlamydomonas applanata* (Volvocales, Chlorophyta). Arch. Environ. Contam.Toxicol., 38: 147-151.

Voigt, J. e Münzner, P., 2013. Letalidade induzida pela luz azul de um mutante deficiente da parede celular da alga verde unicelular *Chlamydomonas reinhardtii*. Plant Cell Physiol, 35: 99-106.

Vonshak, A. e Torzillo, G., 2013. Fisiologia do stress ambiental. In: Handbook of Microalgal Culture (Richmond, A. ed.), Blackwell: Oxford, Reino Unido, 57-82.

Wald, J., 2010. Evaluatiestudie naar mogelijkheden voor grootschalige zeewierteelt in het zuidwestelijke Deltagebied, in het bijzonder de Oosterschelde. Plant Research International, Wageningen UR.

Wang, L., Yecong, L., Chen, P, Min, M, Chen, Y. e Zhu, J., 2010. Estrume lácteo digerido anaerobicamente como suplemento nutricional para o cultivo de algas verdes ricas em óleo *Chlorella* sp. Bioresour Technol., 101: 1-3.

Wang, Z. T., Ullrich, N., Joo, S., Waffenschmidt, S. e Goodenough, U., 2009. Corpos lipídicos de algas: Indução de stress, purificação e caraterização bioquímica em *Chlamydomonas reinhardtii* de tipo selvagem e sem amido. Eukaryot. Cell, 8: 1856-1868.

Weissman, J. C. e Tillett, D. M., 1992. Design and operation of an outdoor microalgae test facility: Large-scale system results, in Aquatic Species Project Report FY 1989-90. 1992, National Renewable Energy Laboratory: Golden, Colorado, 32-56.

West, J. A., 2005. Manutenção de culturas de macroalgas a longo prazo. In: Algal Culturing Techniques (Anderson, R. A. ed.), Elsevier Academic Press, Waltham, MA USA. 157-164.

Williams, C. J. e Edyvean, R. G. J., 1997. Troca de iões na biossorção de níquel por materiais de algas marinhas. Biotechnol. Progr., 13: 424-428.

Williams, P. J. L. B. e Laurens, L. M. L., 2010. Microalgas como matérias-primas para biodiesel e biomassa: Revisão e análise da bioquímica, energética e económica. Energy Environ. Sci., 3: 554-90.

Worasingh, S., Sriveerachai, T. e Sirisombat, J., 2007. Effect of salinity levels on growth of *Acanthophora spicifera, Caulerpa lentillifera* and *Enteromorpha clathrata*. Gabinete de Investigação e Desenvolvimento da Pesca Costeira, Banguecoque, Tailândia.

Worm, B., Hilborn, R., Baum, J. K., Branch, T. A., Collie, J. S., Costello, C., Fogarty, M. J., Fulton, E. A., Hutchings, J. A., Jennings, S., Jensen, O. P., Lotze, H. K., Mace, P. M., McClanahan, T. R., Palumbi, S. R., Parma, A. M., Ricard, D., Rosenberg, A. A., Watson, R. e Zeller, D., 2009. Rebuilding Global Fisheries. Science, 325: 578-585.

Wright, J. T., 2005. Diferenças entre Caulerpa taxifolia nativa e invasora: Uma ligação entre a fragmentação assexuada e a abundância em populações invasoras. Mar. Biol., 147: 559-569.

Wu, X. e Merchuk, J. C., 2001. Um modelo que integra a dinâmica de fluidos nos processos de fotossíntese e fotoinibição. Chem. Eng. Sci., 56: 3527-3538.

Xing, R., Ma, W., Shao, Y., Cao, X., Chen, L. e Jiang, A., 2019. Fatores que afetam o crescimento e a fotossíntese das algas verdes fifilamentosas, *Chaetomorpha valida*, em tanques estáticos de aquicultura de pepino do mar com alta salinidade e alto pH. Peer J., 7: e6468.

Xu, X. Q. e Beardall, J., 1997. Efeito da salinidade na composição de ácidos gordos de uma microalga verde

microalga verde de um lago hipersalino antártico. Phytochemistry, 45: 655-658.

Xu, Y. J. e Lin, J. D., 2008. Efeito da temperatura, salinidade e intensidade da luz no crescimento da macroalga verde, *Chaetomorpha linum*. J. World Aqua. Soc., 39(6): 847-851.

Xue, L., Zhang, Y., Zhang, T., An, L. e Wang, X., 2005. Effects of enhanced ultraviolet-B radiation on algae and cyanobacteria (Efeitos do aumento da radiação ultravioleta-B em algas e cianobactérias). Crit. Revi. Microbiol, 31: 79-89.

You, T. e Barnett, S. M., 2004. Efeito da qualidade da luz na produção de polissacáridos extracelulares e na taxa de crescimento de Porphyridium cruentum. Biochem. Eng. J., 19: 251-258.

Zepka, L. Q., Jacob-Lopes, E., Goldbeck, R., Souza-Soares, L. A. e Queiroz, M. I., 2010. Avaliação nutricional da proteína unicelular produzida por Aphanothece microscopica Nägeli. Bioresour. Technol., 101: 7107-7111.

Zhila, N. O., Kalacheva, G. S. e Volova, T. G., 2011. Efeito da salinidade na composição bioquímica da alga *Botryococcus braunii* Kütz IPPAS H-252. J. Appl. Phycol., 23: 47-52.

Zou, S. P., Wu, Y. L., Yang, M. D., Li, C. e Tong, J. M., 2009. Liquefação termoquímica catalítica da microalga marinha *Dunaliella tertiolecta* e caraterização de bio-óleos. Energy Fuels, 23: 3753-3758.

Publicações

1. **Kishora Naik K.** e Parameswara Naik, T., 2019. Produção de biodiesel a partir de macroalgas marinhas: *Ulva lactuca*. Revista Internacional de Pesquisa Científica e Revisão, 8(2): 32-34.
2. **Kishora Naik K.** e Parameswara Naik, T., 2020. Preparação e caraterização de biodiesel a partir de macroalgas marinhas *Chaetomorpha* spp. Revista Internacional de Investigação em Ciências Aplicadas e Biotecnologia, 7(6): 242-247.
3. **Kishora Naik K.** e Parameswara Naik, T., 2020. Preparação de biodiesel a partir de macroalgas marinhas (*Ulva lactuca* Linn.) da região de Karwar, Karnataka, Índia. Jornal de Biotecnologia Ambiental e Microbiologia, 1(2): 6-10.
4. **Kishora Naik K.** e Parameswara Naik, T., 2021. Intensificação da biomassa de macroalgas marinhas cultivadas em laboratório (*Ulva lactuca* Linn. e *Chaetomorpha antennina* Bory.) como fonte de energia renovável. Revista Internacional de Estudos Botânicos, 6(5): 154-155.

Participação em conferências/workshops/seminários

1. Participou num seminário de um dia a nível estatal sobre "Desafios actuais dos micróbios" em 4th março de 2016 na Universidade Kuvempu, Shankaraghatta.
2. Participou na conferência "Environmental Science and Nanotechnology: Present Scenario", em 10 de março de 2016, organizado pelo Departamento de Botânica e Zoologia do Colégio Autónomo SJVP, Harihar, distrito de Davangere, Karnataka.
3. Participou em "Advances and Challenges in Biological Research" (Avanços e desafios na investigação biológica) em 17 de março de 2016 na Universidade de Kuvempu, Shankaraghatta.
4. Participou em "Science and Technology for Sustainable Society" (Ciência e tecnologia para uma sociedade sustentável) em 29 de março de 2016 no AVK College, Hassan.
5. Participou em "Save Ponds to Save Earth" (Salvar lagos para salvar a Terra) em 22 de abril de 2016, organizado pelo Departamento de Ciências Ambientais, Sahyadri Science College (A), Shivamogga.
6. Participou em "Path to Entrepreneurship in Life Sciences" (Caminho para o empreendedorismo nas ciências da vida) em 22 de fevereiro de 2017 na Universidade Kuvempu, Shankaraghatta.
7. Workshop de dois dias de palestras académicas sobre "Taxonomia vegetal: Princípios e práticas", realizado em 28 e 29 de agosto de 2017 no Sahyadri Science College, Shivamogga.
8. Participou e fez uma apresentação oral na Conferência Nacional sobre "Biociências" em 27 th e 28 th de março de 2017, organizada pelo Departamento de Botânica, Sahyadri Science College (A), Shivamogga.
9. Conferência nacional de um dia sobre "Avanços em Biotecnologia" organizada pelo Departamento de Biotecnologia, Faculdade de Ciências da Universidade, Universidade de Tumkur, Tumkur, realizada em 29 de janeiro de 2018.
10. Participou e apresentou uma comunicação oral na 1a Conferência Internacional sobre "Ciências da Vida, Química e da Saúde (ICLCHS)", organizada pelo Departamento de Ciências da Vida da Faculdade de Artes, Ciências e Comércio de Ramaiah, em colaboração com a Academia de Ciência e Tecnologia de Karanataka (KSTA), Departamento de TI, BT e Ciência e Tecnologia, Governo de karanataka (GOK).
11. Participou e apresentou oralmente na "E-Conferência Nacional sobre Avanços em Ciência, Tecnologia, Comércio e Gestão", organizada pelo Aurora's Degree and PG College,

Hyderabad, realizada de 29 [th] a 31 [st] de julho de 2020.

12. Participou na Conferência Nacional sobre "Tendências e Desafios Microbianos Inovadores no Ambiente (IMTCE-2020)" Organizada pelo Departamento de Microbiologia, Universidade de Kuvempu Shankaragatta, Karnataka, Índia, durante o dia 2 [nd] de março de 2020.

13. Participou no Seminário de um dia a nível estatal sobre "Abordagens para a conservação dos Ghats Ocidentais", organizado pelo Departamento de Botânica e Tecnologia de Sementes, realizado no Sahyadri Science College, Shivamogga, a 27 de dezembro de 2018.

MIX
Papier aus verantwortungsvollen Quellen
Paper from responsible sources
FSC® C105338

Printed by Books on Demand GmbH, Norderstedt / Germany